著 者 简 介

台湾欧姆龙股份有限公司 FA PLAZA 编著小组

　　欧姆龙集团涉及工业自动化控制系统、电子元器件、汽车电子、社会系统以及 OMRON 健康医疗设备等广泛领域。台湾欧姆龙创立于 1984 年，给各地区及业界提供高品质的产业自动化（IAB）产品，并于 1994 年成立以客户为中心的 FA 技术广场，提供展示、测试、训练及定期的专业课程，以丰富的功能满足客户对自动化的需求。欧姆龙提供产业自动化所必需的机器，致力于创造人们容易使用的系统。

OMRON 工业自动化丛书

OMRON PLC 开发入门与应用实务
CS1 PLC & CX-PROGRAMMER(Ver5.0)

台湾欧姆龙股份有限公司 FA PLAZA 编著小组　著

庄汉榕　审订

科学出版社

北京

图字：01-2010-3405 号

内 容 简 介

　　本书是"OMRON 工业自动化丛书"之一。本书理论与实务结合，图文并茂地介绍了 OMRON 开发入门与应用实务的相关技术。本书分为 PLC 辅助软件 CX-Programmer Ver5.0 篇，CS1 梯形图基础篇和 CS1 梯形图进阶篇，主要内容包括 CX-Programmer 介绍、编写程序之前、离线功能、在线功能、调试功能、其他的功能、OMRON 可编程控制器系列、PLC 的基本构成、CX-P 软件简易操作、程序编写、周期时间、应用指令、应用程序实列、应用实例程序演练、基本事项、常用的应用指令、BCD/Binary 四则运算、主程序和子程序、区块程序和判断式回路、TASK 分割、FUNCTION Block (FB)、实例演练等。

　　本书可作为工科院校电气工程及自动化、工业自动化、应用电子、计算机应用、机电一体化等相关专业师生的参考书，也可供工程技术人员自学或作为培训教材使用。

图书在版编目(CIP)数据

OMRON PLC 开发入门与应用实务/台湾欧姆龙股份有限公司 FA PLAZA
编著小组著；庄汉榕审订. —北京：科学出版社，2010
　(OMRON 工业自动化丛书)
　ISBN 978-7-03-029465-4

　Ⅰ.O⋯　Ⅱ.①台⋯②庄⋯　Ⅲ.可编程序控制器　Ⅳ.TM571.6

中国版本图书馆 CIP 数据核字(2010)第 217853 号

责任编辑：丁庆龙　杨　凯/责任制作：董立颖　魏　谨
责任印制：赵德静/封面设计：赵志远

科学出版社 出版
北京东黄城根北街 16 号
邮政编码：100717
http://www.sciencep.com

北京天时彩色印刷有限公司 印刷
科学出版社发行　各地新华书店经销

＊

2011 年 1 月第 一 版　　开本：B5(720×1000)
2011 年 1 月第一次印刷　　印张：19 1/2
印数：1—4 000　　　　　　字数：284 000

定　价：38.00 元
(如有印装质量问题，我社负责调换)

丛书序

本丛书共三册,分别是《OMRON PLC 开发入门与应用实务》、《OMRON PLC 网络通信与 NS 人机界面》和《OMRON 传感器与温度控制器》。本丛书融合理论与实务,搭配丰富的图表,能让读者轻松进入工业控制的世界。读者读完本丛书后会对可编程控制器的应用有更完整的认识。作者积累多年实践经验,以循序渐进、由浅入深、易学易懂的方式,借助基本概念的阐释,用图表辅助说明,使读者能逐步了解可编程控制器的应用及相关技术整合,让读者明了可编程控制器的应用架构已经不再局限于单机自动化。而是可以轻松地结合网络通信与人机界面等去开发出一个完整的近端及远端控制的监控系统。

◆《OMRON PLC 开发入门与应用实务》

PLC 辅助软件 CX-Programmer Ver5.0 篇:主要介绍使用 PC 完成适于各种 OMRON PLC 系列控制辅助软件 CX-Programmer Ver5.0 软件的安装与设定,在离线功能下执行环境设定、编写 PLC 梯形图,并针对程序执行检查、注解、编辑、存储等作业,在在线功能下进行程序上传和下载、I/O 表的生成,以及主机的运行、停止、监控、调试等功能。

CS1 梯形图基础篇:主要介绍 PLC 机种、硬件架构、I/O 存储器区、CS1 通道(Channel)分配及系统构成等,读者可在程序撰写作业中了解自保持、定时器、计数器等回路,内部辅助继电器、保持继电器、状态标志、周期时间、应用指令等,并从应用实例中学习三人抢答、手扶梯省电装置、水果自动装箱作业、自动铁卷门等实例演练,掌握基础程序的编写技巧。

CS1 梯形图进阶篇:主要介绍常用的应用指令、主程序和子程序、区块程序和判断式回路,使读者了解设计程序 Task 分割,通过原料槽系统、自动贩卖机、输送带控制与炉内温度的监视等应用实例演练,进一步提升程序的应用能力。

◆《OMRON PLC 网络通信与 NS 人机界面》

CS1 网络通信系统篇：主要介绍 FA 网络通信系统、ETHERNET、Controller Link、CompoBus/D、CompoBus/S 等各种网络通信系统的构成、特征及程序编写，以及协定巨集功能的构成及概要、温度控制器的使用等。

人机界面篇：主要介绍 NS 人机界面系统组成与概述、NS 的硬件与系统设定、NS 人机界面基本数据、NS-Designer 的基本操作、NS 人机画面的规划、NS-Designer 的便利功能等。

◆《OMRON 传感器与温度控制器》

传感器技术篇：主要介绍接近开关，光电传感器的种类、特性、功能、用途、动作原理等，通过响应速度、配线、保护构造、调整方法等让读者了解如何正确选择合适的传感器，配合实习介绍简易故障排除、杂讯干扰等对策，以及和 PLC 连接的方法。

温度控制及 PLC 温度模块篇：主要介绍热电偶、测温阻抗体等温度传感器的构造、种类、原理、特性、控制对象及特征等。读者可通过操作上下限警报、加热器断线、警报通信功能、加热冷却控制等学习各种控制方式与功能。配合ESTT温控软件操作说明，进行高功能温控模块练习、故障排除、设定等操作。

★ 编辑导读

初学者：PLC 辅助软件 CX.-Programmer Ver5.0 篇→CS1 梯形图基础篇→CS1 梯形图进阶篇→温度控制及 PLC 温度模块篇→传感器技术篇→人机界面篇→CS1 网络通信系统篇。

有一定基础者：传感器技术篇→比较 CS1 梯形图基础篇与原先所学的不同→PLC 辅助软件 CX-Programmer Ver5.0 篇→CS1 梯形图进阶篇→温度控制及 PLC 温度模块篇→人机界面篇→CS1 网络通信系统篇。

工程技术者：练习 PLC 辅助软件 CX-Programmer Ver5.0 篇的新功能→比较 CS1 梯形图基础篇、CS1 梯形图进阶篇、传感器技术篇与原先所学的不同处→温度控制及 PLC 温度模块篇→人机界面篇→CS1 网络通信系统篇。

庄汉榕

2006 年 4 月

目　录

第 2 篇　CS1 梯形图基础 · · · · · · · · · · · · · · · 111

第 1 篇

PLC 辅助软件
CX-Programmer Ver5.0

第 1 章

CX-Programmer介绍

1.1　何谓 CX-Programmer

　　CX-Programmer 是 SYSMAC CJ1/CS1/C/CVM1/CV 系列 PLC 的程序编辑或模式变更等控制的应用软件,作业环境为 Windows 95/98/2000/Me/XP(或 Windows NT Ver4.0)的 OS 个人计算机。

　　图 1.1 是 PLC 的作业示意。

图 1.1

1.2　CX-Programmer 的特征

　1. 操作简易

- 以单一按键来输入结点、线圈、应用指令输入。
- 可多视窗的操作画面显示。
- 可以以结点名称编写程序。

　2. 丰富的显示/监控功能

- I/O 存储器的各区域之整体即时监控/编辑。
- 指定地址的即时监控。
- Watch Window / Output Window。

3. 丰富的调试功能

- 强制 Set/Reset。
- 微分监控。
- TIM/CNT 的设定值变更。
- 交叉参照功能。
- 数据/时序图表监控功能。
- 复数回路的线上编辑。

4. 远距可编程/监控连接

- 经由直接连接的 PLC,对网络上的 PLC 更容易存取。
- 可以进行超越 3 层的存取。
- 可经由数据机对远距 PLC 进行存取。

5. 保养/维修功能

- 可同时显示 CPU 模块内的异常历程及发生时刻。
- 可以和 Windows 应用程序上的数据通用。

1.3 可以使用的 PLC 机种及 PC

1. 可以使用的 PLC 机种(见表 1.1)

表 1.1

系 列	PLC 机种
CJ1	CJ1G/CJ1M/CJ1G-H/CJ1H-H
CS1	CS1G/CS1G-H/CS1H/CS1H-H1CS1D-H/CS1D-S
C	C2000H/C1000H/C200H/C200HS/C200HX/HG/HE C200HX-Z/HG-Z/HE-Z CQM1/CQM1H/CPM1/CPM1A/CPM2*/CPM2*-S*/SRM1/SRM1-V2
IDSC	IDSC-C1DR-A/C1DT-A
CVM1	CVM1/CVM1-V2
CV	CV2000/CV1000/CV500

* 以上各系列机种的 CPU 模块形式,请参照 CX-Programmer 操作手册。

2. 可以使用的 PC(见表 1.2)

表 2.2

项　　目	条　　件
PC	IBM 相容
CPU	Pentium133MHz(建议 Pentium 200 MHz 以上)
操作系统	* Microsoft Windows95/98/2000/Me/XP Microsoft Windows NT Version4.0 Service Pack6
存储器	请参照表 1.3 例
硬碟	100MB 以上之空间
PC 屏幕	3VGA(800×600 像素)以上
CD-ROM	1 台以上

* 请注意,Microsoft Windows 3.1 无法操作。

 参考

必要之存储器容量与做成的程序容量有关。

例:必要的存储器容量(见表 1.3)

表 1.3

CPU 元件形式	程序容量	最低限存储器容量	建议存储器容量
CS1G-CPU42 型	10K Step		
CS1G-CPU43 型	20K Step	32MB	64MB
CS1G-CPU44 型	30K Step		
CS1G-CPU45 型	60K Step	64MB	96MB
CS1H-CPU63 型	20K Step		
CS1H-CPU64 型	30K Step	32MB	64MB
CS1H-CPU65 型	60K Step	64MB	96MB
CS1H-CPU66 型	120K Step	128MB	192MB
CS1H-CPU67 型	250K Step	256MB	256MB

1.4 CX-Programmer 的操作流程

CX-Programmer 的一般操作流程如图 1.2 所示。

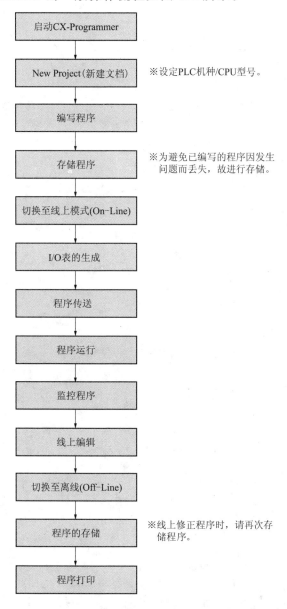

※设定PLC机种/CPU型号。

※为避免已编写的程序因发生问题而丢失，故进行存储。

※线上修正程序时，请再次存储程序。

图 1.2

7

第 2 章
编写程序之前

2.1 关于实习机台和前置作业

1. 实习操作设备

实习操作设备如图 2.1 所示。

- PLC 机种:CS1 系列。
- 使用模块:ID212、OD212、MD215。
- CX-P 版本:5.0 版。
- 连接单元:RS232Port。

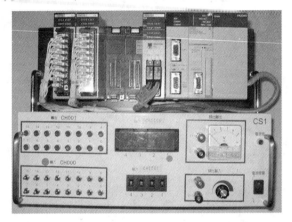

图 2.1

2. 使用模块

使用模块介绍见表 2.1。

表 2.1

模块	功能	CH 分配	结点范围(CH+BIT)
ID212	16 点输入模块	输入 0000CH	0000.00~0000.15
OD212	16 点输出模块	输出 0001CH	0001.00~0001.15
MD215 *机号	32 点输出/输入模块 (16IN/16OUT)	输入 2001CH	2001.00~2001.15
		输出 2000CH	2000.00~2000.15

3. CS1 系列数据区

CS1 系列数据区见表 2.2。

表 2.2

输出入继电器	0000～0319CH	辅助存储继电器（AR）	A000～A959CH
内部辅助继电器	W000～W511CH 1200～1499CH	定时器/计数器 （TIM/CNT）	T/C0000～T/C4095
暂时存储继电器（TR）	TR00～15	数据存储器（DM）	D00000～D32767
自保持继电器（HR）	H000～H511CH	扩充数据存储器（EM）	32K works/1bank 13banks Max.

2.2 起始设定

2.2.1 启动 CX-Programmer 软件

（1）执行【开始】→【程序】→【Omron】→【CX-Programmer】→【CX-Programmer】，即可开启 CX-Programmer 的主视窗，如图 2.2 所示。

（2）结束 CX-Programmer 软件（ ✕ ）；或选择【File】→【Exit】。

图 2.2

2.2.2 开启新文件(📄)

选择【File】→【New】开启视窗设定，输入【Device Name】（PLC 的名称）、【Comment 注解】（可省略），如图 2.3 所示。

1. 设定 PLC 机种/CPU 型号

（1）单击【Device Type】的 ▼ ，选择使用机种:〔CS1G-H〕。

（2）进入【Settings】设定 CPU 型号。

（3）单击【CPU Type】的 ▼ ，选择 CPU 型号:〔CPU42〕。

（4）完成后单击【确定】即可。

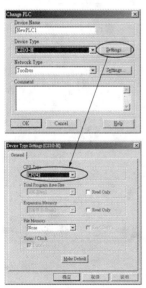

图 2.3

11

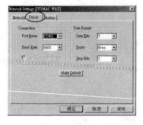

图 2.4

2. 设定 PLC 的通信连接方式

PLC 的通信连接方式如图 2.4 所示。

（1）单击【Network Type】的 ▼ ，选择 PC 连接 PLC 的通信方式。

* RS232 通信设定为〔SYSMAC WAY〕。

* 使用周边单元转接线则设定为〔Toolbus〕。

（2）单击【Settings】，可进行通信设定。

（3）单击【Driver】选项卡，执行的设定如下：

* 若 PC 为 USB 通信单元连接，请采用对应的 Port Name 设定值，前三个色带色码见表 2.3。

表 2.3

Port Name	选择与 PLC 连接的 PC 的 COMport 编号
Baud rate	设定通信速度
Baud rate Auto-Detect	此功能仅于设定〔CS1 系列〕为〔Toolbus〕连接时有效
Data fromat	只在设定为〔SYSMAC WAY〕连接时有效

（4）完成后单击【确定】即可。

 参考

　　PLC 名称/PLC 机种/CPU 型号的变更：

　　双击 Project 的【PLC 名称】，也可以变更 PLC 设定。

※详细情形，请参阅 CX-Programmer 操作手册。

2.3　画面各部的说明

2.3.1　主视窗

主视窗如图 2.5 所示，各部分的名称和功能见表 2.4。

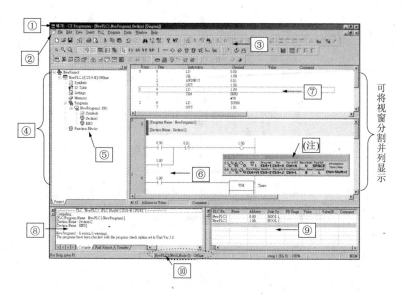

图 2.5

表 2.4

名称	主要内容及功能
① Titlebar 标题栏	显示文档名称
② Menus 菜单栏	选择菜单
③ Toolbars 工具栏	单击图标工具以执行其功能 也可自定义工具,单击【View】→【Tool-bars】,开启工具栏视窗后,进行拖曳即可变更各群组的显示位置
④ Project Workspace 工作区 ⑤ Project Tree 树状工作书面	管理程序及各种资料可以从其他 Project 以拖曳或下拉的方式来进行数据的复制
⑥ Diagram 视窗	梯形图程序的作成、编辑
⑦ Mnemonic 视窗	显示程序编码,也可同步进行程序编辑
⑧ Output 视窗	·【Compile】选项:显示程序编辑时的错误内容 ·【Find Report】选项:参考本书第 5 章 5.9 节 ·【Transfer】选项:显示读取计划文档时的错误
⑨ Watch 视窗	指定 PLC 名称及地址,进行 I/O 监控
⑩ Statusbar 状态栏	显示 PLC 名称、离线/线上状态、工作存储格位置等的情报
(注)Information Window 提示视窗	显示各种结点及常用功能的快捷键 〔View〕→〔Information Window〕

13

2.3.2 NewProject

(1) 双击项目,可开启视窗及表。

(2) 以右键单击 Project 工作空间,显示项目的执行菜单。

(3) 可以在 Project 计划内,以拖曳 & 下拉来进行复制。

(4) 离线 Off-line 如图 2.6 所示;线上 On-line 如图 2.7 所示;各部分的功能见表 2.5。

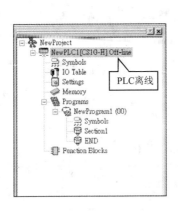

图 2.6

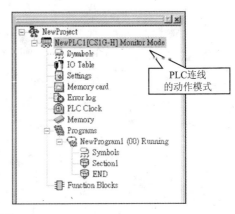

图 2.7

表 2.5

名　称	主要内容及功能
NewProject	指以 CX-Programmer 编辑的程序及与该程序相关的数据
NewPLC1	指定的 PLC 名称、PLC 机种/CPU 型号、网络形式等的起始设定
Symbols(整体符号表)	PLC 系统内定的符号表
IO Table	PLC I/O Table 的设定 注意:此设定需在 On-Line→Program 模式下进行设定
Settings	PLC 系统操作的相关起始设定
Error log	显示错误信息 注意:On-Line 状态下才显示
PLC Clock	同时显示 PC 和 PLC 的日期及时间设定 注意:On-Line 状态下才显示
Memory	设定、存储、传送 PLC 内部 I/O 存储器的数据
Programs	可增加 NewProgram 设定
NewProgram	显示 Section Name 设定
Symbols(区域符号表)	设定各 Task 程序所属的符号表
Section1	开启梯形图视窗,也可在 Program 下建立多个 Section 分别管理
Function Blocks	设定 Function Blocks

2.3.3 工具栏

以图示来指定经常使用的菜单,以【View】►【Tool bars】设定显示/隐藏
工具栏。

(1) 标准工具栏:【View】►【Tool bars】►【Standard】,如图 2.8 所示。

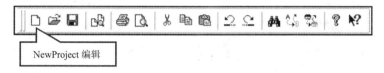

图 2.8

(2) PLC 菜单:【View】►【Tool bars】►【PLC】,如图 2.9 所示。

图 2.9

(3) Diagram 视窗工具栏:【View】►【Tool bars】►【Diagram】,如图 2.10 所示。

图 2.10

(4) Program 选单:【View】►【Tool bars】►【Program】,如图 2.11 所示。

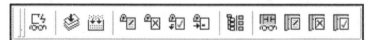

图 2.11

(5) Views 菜单:【View】►【Tool bars】►【Views】,如图 2.12 所示。

图 2.12

(6) Insert 菜单:【View】►【Tool bars】►【Insert】,如图 2.13 所示。

15

(7) 符号表工具栏：【View】→【Tool bars】→【Symbol Table】，如图 2.14 所示。

图 2.13　　　　　　　　　　　　　　　图 2.14

2.3.4　Diagram(梯形图)视窗

选择【View】→【Diagram】，如图 2.15 所示；各部分的名称及功能见表 2.6。

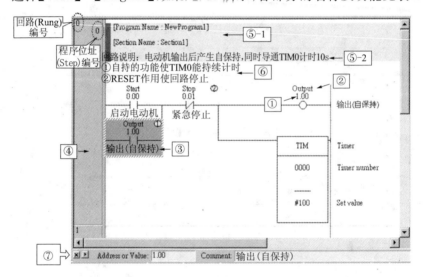

图 2.15

表 2.6

名　称	内容及功能
① 地址(Address)	显示 I/O 编号、CH 编号数
② I/O 名称(Name)	标示 I/O 结点、CH 的名称
③ I/O 注解(Comment)	自由输入注解说明
④ 回路(Rung)编号及地址(Step)编号	显示回路编号及程序地址编号，为执行复制及剪切而选择对象的回路时，单击此区域并移动鼠标至该处
⑤-1 程序/区段注解	显示 Program Name 及 Section Name，也可设定为隐藏
⑤-2 回路注解(也称"行注解")	输入回路等相关的注解
⑥ 注解标签	可对指令、结点等各别进行注解说明
⑦ Symbol bar 标记栏	显示鼠标目前所在的指令地址或设定值及注解

参考

(1)减少字型尺寸,I/O名称/地址都会显示,也可显示两行 I/O 注解,如图 2.16 所示。

(2)参考回路有错误(回路不成立)时,左母线会显示成红色如,图 2.17 所示。

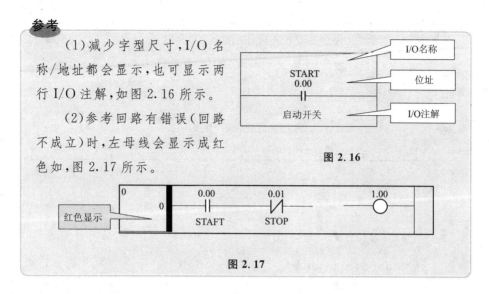

图 2.16

图 2.17

2.3.5 Mnemonics(指令表)视窗

选择【View】→【Mnemonics】,如图 2.18 所示;各部分的功能见表 2.7。

图 2.18

表 2.7

名　　称	功　　能
Rung(回路)	显示回路编号
Step(程序地址)	显示程序地址编号

17

续表 2.7

名　称	功　能
Instruction(指令语)	显示指令语
Operand(运算数据)	显示 Operand 运算数据
Value(值)	在线执行监控时,显示 I/O 结点或 CH 的值。
Comment(注解)	显示 T/O 注解
输入栏	双击该处后,即进入编辑状态,可进行 Instruction 及 Operand 的数据编辑
Symbol bar(标记栏)	显示鼠标目前所在的指令地址或设定值及注解

2.3.6　Output 视窗

【View】→【Windows】→【Output】设定显示/隐藏(预设为显示)。

1.【Compile Program】

单击【Program】→【Compile】来显示错误内容及程序比较时的结果,如由 2.19 所示;鼠标右键功能设定见表 2.8。

图 2.19

表 2.8

选　项	功　能
Clear	清除显示内容*
Next Reference	跳至下个参考点
Allow Docking	允许/取消 Output 视窗独立
Hide	隐藏 Output 视窗**
Float In Main Window	切换 Output 视窗至主视窗位置

*【Edit】→【Clear Build Window】具有相同的功能;

**【View】→【Windows】→【Output】具有相同的功能。

2.【Find As Report】

单击【Edit】→【Find】→【Report】进行寻找(Find)的结果,如图 2.20 所示。

图 2.20

※参考本书第 5 章 5.9 节(Find 设定)的内容。

※鼠标右键设定与表 2.8 的相同。

3.【Transfer】

读取计划文档而发生错误时,错误内容将显示在如图 2.21 所示的界面内。

图 2.21

※鼠标右键设定与表 2.8 的相同。

第 3 章

离线功能(OFF-LINE)

3.1　环境〔Option〕设定

选择【Tools】→【Options】,显示【Options】对话视窗。

※【Options】选项即是设定梯形图视窗的操作环境,您可依个人喜好进行设定,其包括操作画面的显示状态、各项符号的字型/颜色设定、梯形程序的各项显示状态等,详见以下说明。

3.1.1　【Diagrams】设定

设定 Diagrams 梯形图视窗的操作画面及显示状态如图 3.1 所示,功能见表 3.1。

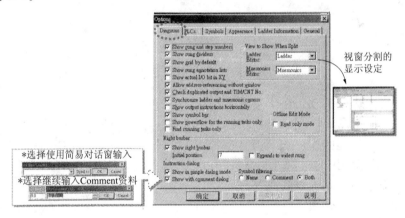

图 3.1

表 3.1

梯形图视窗的各种状态显示	显示回路及地址编号、回路分线、格点、注解标签、以 YX 标识、I/O 结点、允许 Address-reference 独立视窗、检查重复的输出及 T/C、在 Ladder 和 Mnemonics 视窗鼠标同步、输出指令横放、标识栏。
View to Show When Split	在 Ladder、Mnemonics 编辑状态下,选取【Window】→【Split】分割视窗,可选择同时参考 Ladder/Mnemonics/Symbols 编辑 ※此功能设定完成后,需重新关启新文档才有效
Offline Edit Mode	在离线编辑模式时为"只读"
Right busbar(右母线)	显示 Right busbar(右母线),并自动将回路重整 Initial position:设定存储格单位列数 Expands:程序长度超出右母线时,会将右母线合并于最长的回路
Instruction dialog	显示简易对话窗/一并显示注解对话窗

22

3.1.2 【PLC】型号设定

显示线上操作的确认信息,设定 PLC 机种/CPU 型号的预设值,如图 3.2 所示,功能见表 3.2。

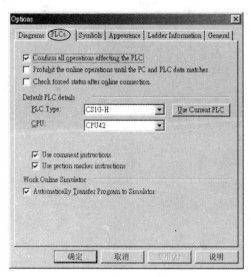

图 3.2

表 3.2

对所有影响 PLC 的操作进行确认	在线上连接时,若执行对 PLC 本体的动作会产生影响的操作时,会显示确认;当 PC 和 PLC 间的数据不符合则禁止连线操作;连线后检查强制状态
PLC 机种/CPU 型号	新生成计划时,设定预设之 PLC 机种/CPU 型号
线上模拟(Simulator)	连线时自动传输程序至 Simulator(模拟程序)

3.1.3 【Symbols】设定

连接至 CX-Server 文档的整体符号的变更时,确认信息显示与否(是否自动产生符号名称/贴上没有定义符号表的回路到另一个 PLC),如图 3.3 所示。

23

图 3.3

3.1.4　【Appearance】设定

设定梯形图各项符号之字型表 3.3 及显示颜色,如图 3.4 所示;功能见表 3.3。

表 3.3

选　项	功　能
Reset All	清除设定,回到预设值
Cell width	设定存储格大小
Draw in 3D	梯形图的 3D 显示

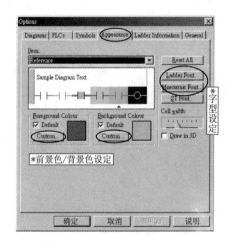

图 3.4

1. 字型的设定

（1）【Ladder Font】：设定梯形图视窗出现的字型；【Mnemonic Font】：设定程序编码视窗的字型，如图 3.5 所示。

（2）设定结束后，单击【确定】即可。

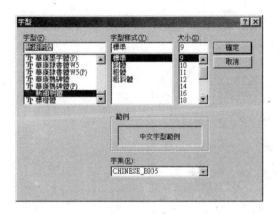

图 3.5

2. 颜色的设定（前景色/背景色）

（1）选择【Foreground Color】→【Background Color】→【Custom】，显示 Windows 标准的【色彩】对话框，如图 3.6 所示。

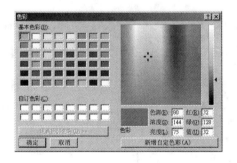

图 3.6

（2）设定结束后，单击【确定】即可。

（3）全部的设定结束后单击【确定】。

25

3.1.5 【Ladder Information】设定

设定梯形图程序的 I/O 名称、地址、注解等的各项显示状态,如图 3.7 所示,功能见表 3.4。

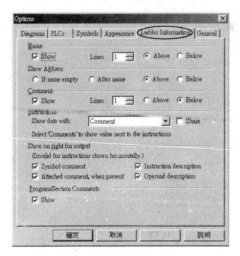

图 3.7

表 3.4

选 项	功 能
Name	设定 I/O 名称位置及行数(亦可选择隐藏)
Show Address	设定 I/O 地址的位置
Comment	设定 I/O 注解的位置及行数
Instructions	设定指令数据的显示位置
设定 Output 右端	显示符号注解、显示指令种类、显示注解标识、显示运算数据种类
Program/Section 说明	于程序前端显示 Program 名称及 Section 名称

3.1.6 【General】设定

一般 Windows 环境下的设定如图 3.8 所示;各选项的功能见表 3.5。

图 3.8

表 3.5

选 项	功 能
视窗环境	选择先前的视窗环境/仅显示 Ladder 梯形图/选择显示 Workspace、Output、Watch、Address Reference Tool 视窗
Compile	是否不要使标准化回路在程序验证时 Compile
FBlibrary	设定 FBlibrary 的存取数据夹
Max. No. of Windows	设定视窗开启的最多数目

注意:变更字型大小、隐藏 I/O 注解、设定回路重整等功能,都在 Option 内进行设定。您亲自操作看看吧!

3.2 编写梯形图

以图 3.9 所示的梯形图程序,来逐步介绍梯形图的编写方法。

- 存储路径:桌面\〔今天日期〕\……
- 存储文件名:Program1.cxp

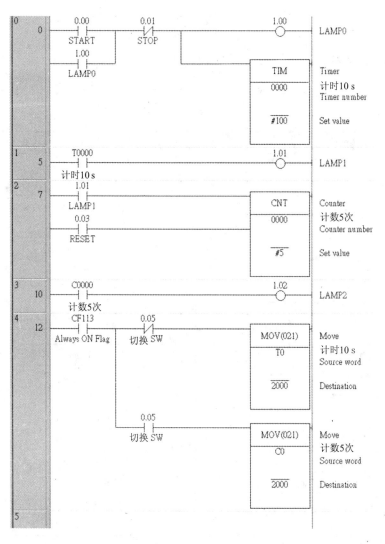

图 3.9

本章将以快捷键的输入方式来介绍程序的编写,如图 3.10 所示。

*可启动常用工具及功能的快捷键视窗
〔View〕 → 〔Information Window〕

CX-Programmer Information						
⊣⊢ ⊣∕⊢ 딘〻 ⊣↓⊦ ○ 田I	Program Ctrl+1	Run Ctrl+4	Force Off Ctrl+K	Next Addr. N	Find bit SPACE	Information Show / Hide
⊣↓⊦ ⊣↓↓⊦ X Ø Q	Work Online Ctrl+W	Monitor Ctrl+3	Force On Ctrl+J	Force Cancel Ctrl+L	Prev. Jump B	Comment L	Ctrl+Shift+I

图 3.10

1. 快捷键

快捷键一览表见表 3.6。

表 3.6

操　作	符　号	快捷键
a 结点	⊣⊢	〔C〕按键
b 结点	⊣∕⊢	〔/〕按键
并联 a 结点	〻	〔W〕按键
并联 b 结点	⊣⊦	〔X〕按键
垂直线(向下)	∣	〔V〕或〔Ctrl+上〕
垂直线(向上)	∣	〔U〕或〔Ctrl+下〕
平行线	—	〔H〕或〔—〕
输出	○	〔O〕按键
否定输出	Ø	〔Q〕按键
应用指令	田	〔I〕按键
呼叫 FB	田	〔F〕按键
输入 FB 参数	⊣Ε	〔P〕按键
连续线段	∟	直接以鼠标指针拖拉
删除连续线段	↳	直接以鼠标指针拖拉
插入行(Insert Row)		〔Ctrl〕+〔Alt〕+〔↓〕
插入列(Insert Rung Column)		〔Ctrl〕+〔Alt〕+〔↑〕
删除行(Delete Row)		〔Ctrl〕+〔Alt〕+〔→〕
删除列(Delete Rung Column)		〔Ctrl〕+〔Alt〕+〔←〕
插入上方回路(Rung/Insert Above)		〔Shift〕+〔R〕按键
插入下方回路(Rung/Insert Below)		〔R〕按键

2. 放大／缩小功能

调整 Diagram(梯形图)视窗/Mnemonics(程序编码)视窗的显示倍率，见表3.7。

说明：此功能无法使用于其他视窗。

表 3.7

功　能	工具栏图示	选　项	快捷键
缩小显示	🔍	【View】→【Zoom Out】	〔Alt〕+〔←〕
最合适大小	🔍	【View】→【Zoom to Fit】	〔Alt〕+〔↑〕
放大显示	🔍	【View】→【Zoom In】	〔Alt〕+〔→〕

3. 输入 a 结点(/〔C〕键)

(1) 请将鼠标指针移至欲输入位置，键入 a 结点输入键，打开【New Contact】画面，输入结点编号(0.00)及 I/O 注解(START)，单击 OK 键即可，如图 3.11 所示。

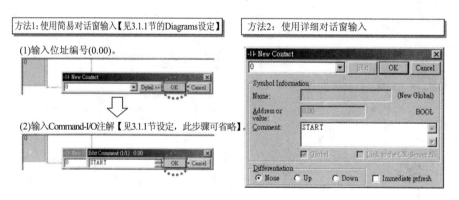

图 3.11

(2) 完成输入，结果如图 3.12 所示。

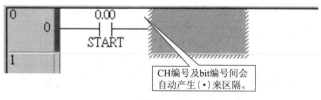

图 3.12

参考

> 删除指令的方法有以下几种:
> - 将鼠标指针移至指令,按下 Del 键。
> - 将鼠标指针移至指令,选取【Edit】→【Delete】。
> - 将鼠标指针移至指令的右侧,按下 Back space 键。

4. 输入 b 结点([钮] /〔/〕键)

选取位置,键入 b 结点输入键,输入结点编号(0.01)及 I/O 注解(STOP),单击 OK 键,结果如图 3.13 所示。

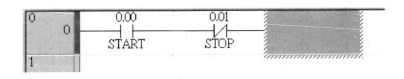

图 3.13

参考

> 将 b 结点变更为 a 结点:
>
> 将鼠标指针移至结点位置,以 [钮] 或 /] 键切换 a 结点⇐⇒b 结转点、输出结点⇐⇒否定输出。

5. 输入 Output 结点([○] /〔O〕键)

选取位置,键入 OUT 结点输入键,输入结点编号(1.00)及 I/O 注解(LAMP0),单击 OK 键,结果如图 3.14 所示。

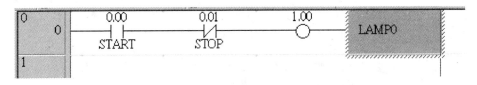

图 3.14

6. 输入 OR 回路([钮] /〔W〕键)

(1) 先在回路 0 插入一空行,如图 3.15 所示。

＊在空白处单击 Enter 键。

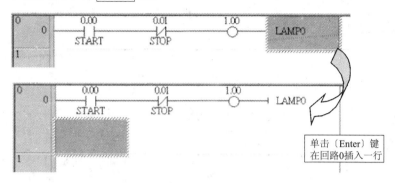

图 3.15

（2）在输入位置键入并联 a 结点键，输入 OR 结点（1.00），结果如图 3.16
所示。

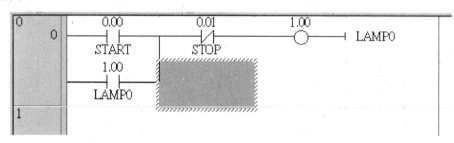

图 3.16

注意

> OR 回路必须编写在同一回路中。

注

> 若 Option 选项中，设定〔Show right busbar〕为显示状态，则回路
> 完成后，输出会自动靠齐右母线如图 3.17 所示。

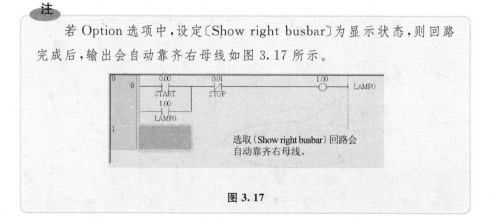

图 3.17

31

7. 输入应用指令(/ 〔U〕键/〔V〕键)

(1) 先输入一垂直线(|),如图 3.18 所示。

* U 按键(下→上)。

* V 按键(上→下)。

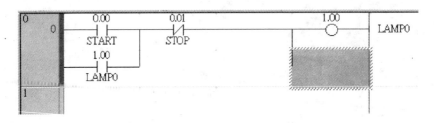

图 3.18

(2) 再键入应用指令输入键,输入指令(TIM 0000 #100),单击 OK 键, 如图 3.19 所示。

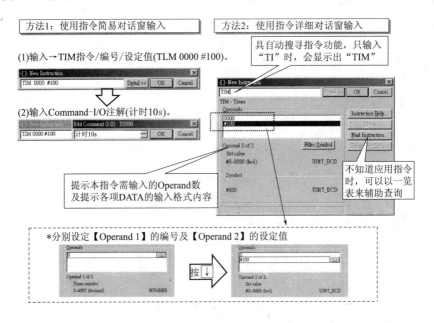

图 3.19

（3）完成 TIM 指令输入,结果如图 3.20 所示。

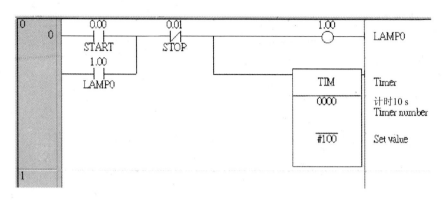

图 3.20

参考

修改应用指令:

在要修改指令处单击〔Enter〕键或双击鼠标左键,将显示对话方块并可进行修改。

只修改应用指令的 Operand:

在要修改的 Operand 位置单击〔Enter〕键或双击鼠标左键,则可对 Operand 进行修改。

8. 追加右方回路

请以前述方法,接着编写右方回路 1 和右方回路 2 程序,如图 3.21 所示。

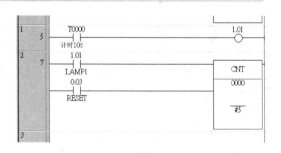

图 3.21

9. 复制回路

〔复制〕: /Ctrl+C 键。

〔粘贴〕: /Ctrl+V 键。

（1）选择来源(回路 1),使其反白,单击【复制】。

（2）将鼠标移至复制目的地(回路 3)。

33

(3) 单击【粘贴】,即可复制相同的回路,接着进行下述的地址修改,如图 3.22 所示。

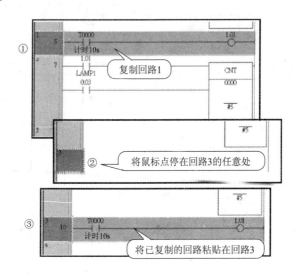

图 3.22

注意

拖曳选取的存储格＋〔Ctrl〕键至目的地再放开,也可以完成复制动作。

10. 进行地址修改

(1) 将鼠标移至想要修正的地址(回路 3 的 T0000),单击〔Enter〕键(或双击);

(2) 以【Edit Contact】变更数据(T0000 → C0000),单击 OK 键,如图 3.23 所示。

* 以同样方法变更输出结点(1.01→1.02)。

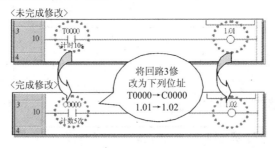

图 3.23

11. 追加后续回路

请继续编写图 3.24 所示的回路 4 的程序。

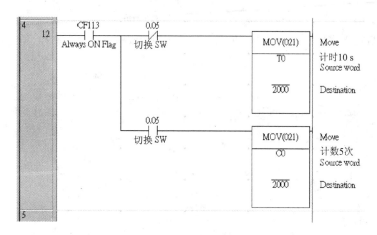

图 3.24

补充

特殊辅助继电器(P_On)已登录于整体符号表(Symbols)中,输入结点时直接按 ▼ 选取即可,如图 3.25 所示。

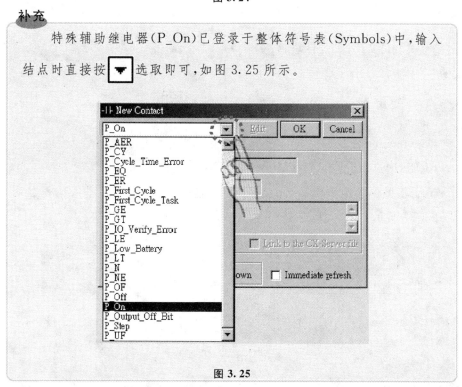

图 3.25

12. 确认 END 指令

最后,必须确认 END 指令,如图 3.26 所示。

程序的最后若无 END 指令,PLC 将无法正常动作。

说明:CX-P3.0 以上版本的 Program 已在 Section 自动产生 END 回路,因此无须另行输入。

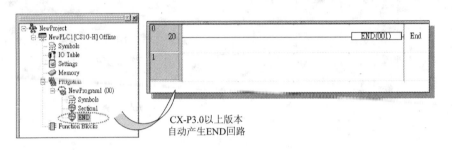

CX-P3.0以上版本
自动产生END回路

图 3.26

3.3　其他的程序编写方法

3.3.1　使用 Mnemonics 视窗编写程序(▤)

Mnemonics 视窗即是显示梯形图回路的程序编码内容。

说明:请选取【View】→【Mnemonics】切换视窗。

(1) 将鼠标移至编辑处,单击〔Enter〕键(或双击)后,即进入编辑状态,如图 3.27 所示。

双击后可开始编写程序

图 3.27

（2）指令及运算元之间务必空一格进行输入（例：OUT□1.00），再单击〔Enter〕键，如图 3.28 所示。

Rung	Step	Instruction	Operand	Value	Comment
0	0	LD	0.00		
	1	OR	1.00		
	2	ANDNOT	0.01		
		OUT 100			

图 3.28

（3）单击〔Esc〕键结束。

说明：切换视窗（【View】→【Diagram】/【View】→【Mnemonics】）如图 3.29 所示。

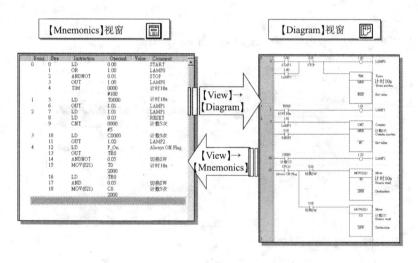

图 3.29

3.3.2　使用符号（Symbols）来编写程序

以文字符号来进行输入时，可以清楚地显示实际机器的用途。

（1）请先进入符号表（Symbols）中并登录将使用的文字符号，如图 3.30 所示。

37

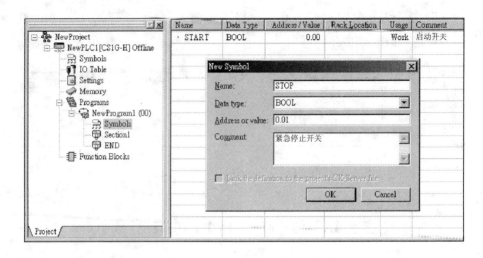

图 3.30

（2）再来进行梯形程序的编写,如图 3.31 所示。

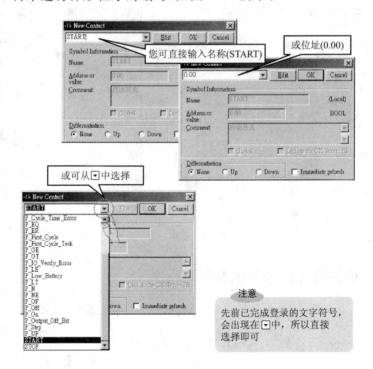

图 3.31

说明：Symbols 符号分别有整体符号及局部符号，以下分别说明。

• 整体符号：PLC 系统内定的符号。其特殊辅助继电器、辅助存储继电器的一部分已先行录入其中，如图 3.32 所示。

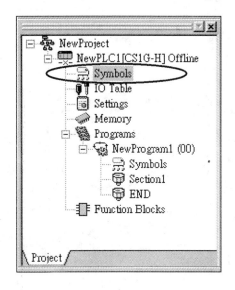

① 将符号登录于整体符号表。

② 输入指令时，直接选择即可。

图 3.32

• 局部符号：程序中有使用的对应符号。

编写程序前先登录各地址及符号，可方便程序的编写，如图 3.33、图 3.34 所示。

① 在下方的输入视窗单击右键选择【Insert Symbol】。

② 在新增的符号中登录名称及地址等数据。

③ 输入指令时，只需输入名称即可自动显示地址。

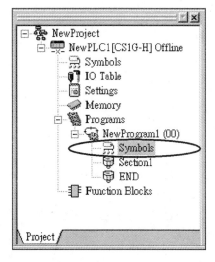

图 3.33

39

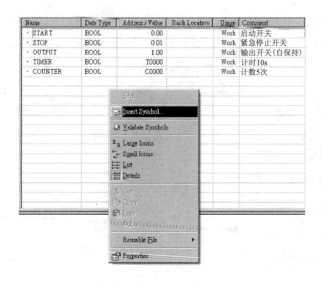

Name	Data Type	Address/Value	Rack Location	Usage	Comment
· START	BOOL	0.00		Work	启动开关
· STOP	BOOL	0.01		Work	紧急停止开关
· OUTPUT	BOOL	1.00		Work	输出开关(自保持)
· TIMER	BOOL	T0000		Work	计时10s
· COUNTER	BOOL	C0000		Work	计数5次

图 3.34

3.4　使用 Function Block Library

功能块(Function Block,FB)是预先将常用并已成熟发展的梯形图程序段存储起来,除可自行编写外,PLC 内也建有各类数据库(FB Library)程序供用户使用。优点是将常用的程序规范化后,编辑时间相对缩减,现场调试更加简便,而使用时只需设定输入/输出结点及参数即可,如图 3.35、图 3.36 所示。

Ladder	自定义FB
Structured Text	编写ST语言
From File	呼叫FB Library

图 3.35

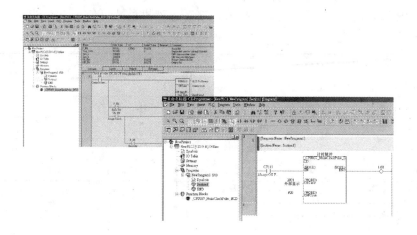

图 3.36

1. Function Block 呈现及应用

Function block 呈现及应用如图 3.37 所示。

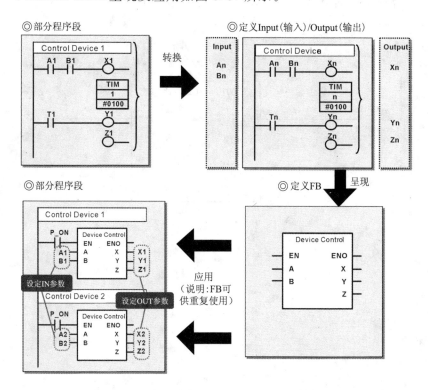

图 3.37

41

说明:CX-P5.0 以上版本需搭配表 3.8 所列机种才可使用 FB/ST 功能。

表 3.8

PLC 机种	CPU 型号
CS1G-H	CPU42H/43H/44H/45H
CS1H-H	CPU63H/64H/65H/66H/67H
CJ1G-H	CPU42H/43H/44H/45H
CJ1H-H	CPU65H/66H/67H
CJ1M	CPU1/12/13/21/22/23

注:上述 PLC 除 CJ1M 外,其他 CPU 类型需 Ver.3.0。

2. 如何编写 FB Library

以 Library 中 PLC\CPU_CPU007_MakeClockPulse_BCD10.cxf 为例,程序如图 3.38 所示。

- 存储路径:桌面\〔今天日期〕\……
- 存储文件名:FB 练习.cxp。

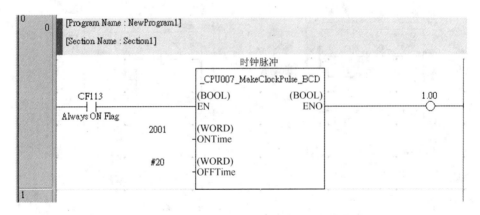

图 3.38

参考

　　以图 3.39 所示自行编写的梯形图程序,执行结果与上述 FB 程序相同。

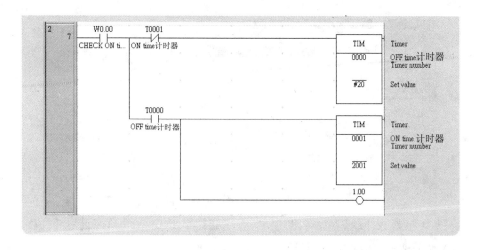

图 3. 39

3. 说明 FB Library

（1）右键单击【Function Blocks】，在弹出的
选项中选择【Insert Function Block】→【From
File...】，使用内建 FB Library，如 图 3.40
所示。

图 3. 40

（2）选择 C:\Program Files\OMRON\Lib\FBL\omronlib\PLC\CPU\
_CPU007_MakeClockPulse_BCD10.cxf，如图 3.41 所示，启动后即出现内建
的 FB 程序。

43

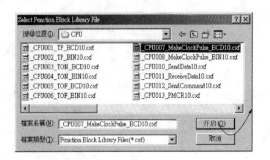

※启动后即出现内建的FB
程序

图 3.41

(3) 在检视 FB Library 程序时,需注意【FB Properties】内设定 FB 程序为隐藏或显示,如图 3.42 所示。

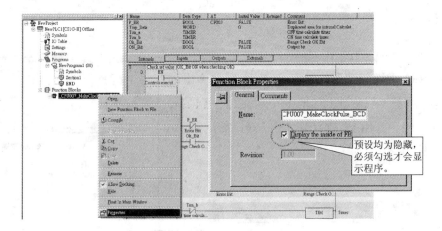

图 3.42

4. 开始编写梯形图程序(呼叫 FB 指令/输入 FB 参数)

(1) 在梯形图程序(Section1)视窗上开始进行程序编写,如图 3.43 所示。

(2) 输入 a 结点,选取 Symbols 的〔常时 ON 标志(P_ON)〕如图 3.44 所示。

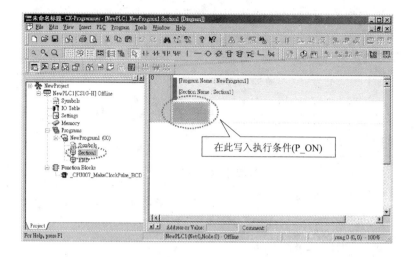

图 3.43

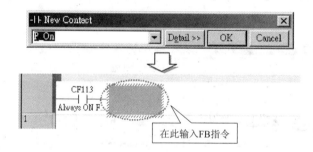

图 3.44

（3）选择位置，键入〔F〕键（或单击▦），调用 FB 指令后，输入 FB 标识，如图 3.45 所示。

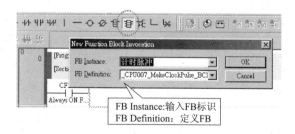

图 3.45

45

(4) 选取参数输入位置,键入〔P〕按键(或单击▮），输入各个 FB 参数,如图 3.46 所示。

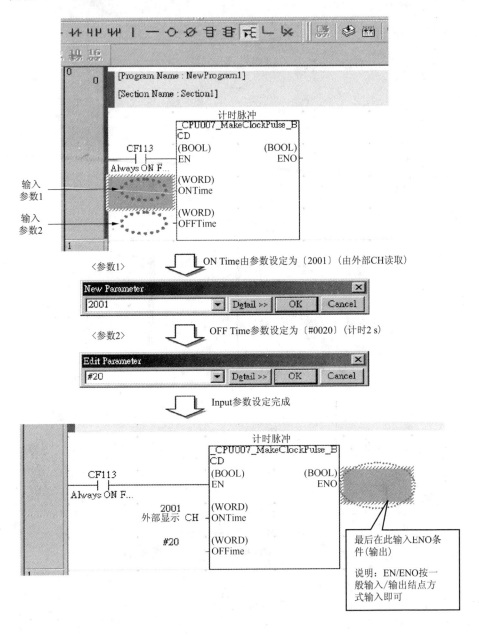

图 3.46

（5）最后选择 ENO 条件输出位置，输入 OUT 结点（⟨○⟩）即可，如图 3.47所示。

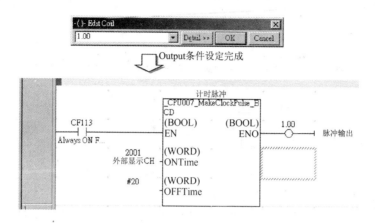

图 3.47

3.5　Output 视窗检查程序

检查程序编写是否正确，并将检查报告显示于【Output】视窗。

说明：关于 Output 视窗的功能设定请参考本书第 2 章的 2.3.7 小节的相关说明。

（1）选取【View】→【Windows】→【Output】，开启 Output 视窗（▣）。

（2）选取【Program】→【Compile】（⬇）。

注意：执行【步骤 2】时，鼠标需停留在梯形视窗上。

1. 状况一：程序完全正确时

程序完全正确时，画面则显示：0 errors，0 warnings，如图 3.48 所示。

图 3.48

2. 状况二:程序发生错误时

程序发生错误时,画面则显示如图 3.49 所示的错误一览表,请依指示修正。

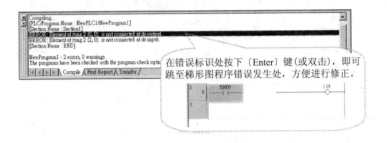

图 3.49

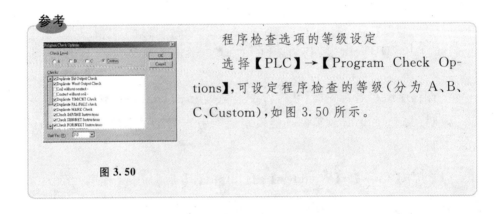

参考

程序检查选项的等级设定

选择【PLC】→【Program Check Options】,可设定程序检查的等级(分为 A、B、C、Custom),如图 3.50 所示。

图 3.50

3.6 注解编辑

1. 地址、名称和 I/O 注解的显示方法

选择【Tools】→【Options】→【Ladder Information】标识,以设定各种状态的显示/隐藏。

说明:各种状态的显示/隐藏的设定请参考第 3 章的 3.1.4 小节相关的各项设定。

2. I/O 注解

地址上附有注解时,可以输入 255 个半形文字(全形 127 个),可输入中

文、英文及数字,如图 3.51 所示。

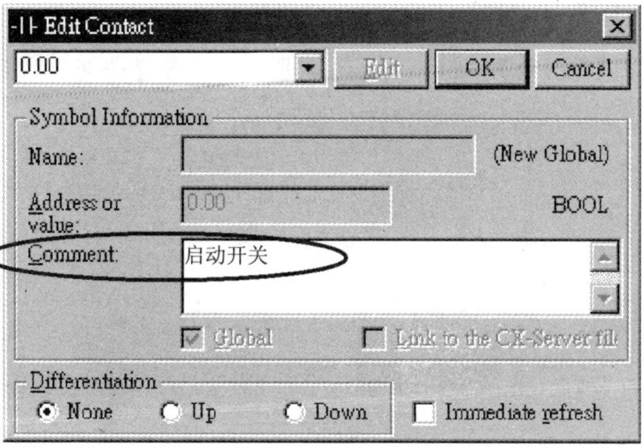

图 3.51

移动鼠标至【Comment】处,将 I/O 注解数据输入(〔启动开关〕)。

注意

输入 Comment 后,随即在 Symbols(整体符号表)增加此结点宣告。需删除 Comment 时,则在 Symbols 删除宣告。

思考题:应用指令的 Operand 如何加入 I/O 注解?

如图 3.52 所示。

①在应用指令的Operands处双击,进入指令视窗(如右中),按下Operands旁的⋯符号。

②进入右下视窗,将注解资料输入【Comment】处,完成后单击OK键即可。

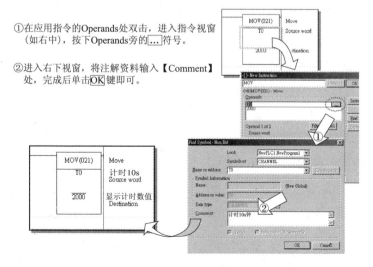

图 3.52

49

说明：TIM/CNT 指令的 Operand 无法附加注解。

3. 标识注解(Element Properties)

说明：选取【Tools】→【Options】→【Diagrams】选项,确定〔Show Rung Annotation Lists〕为显示状态或【View】→【Show Rung Annotations】为勾选,才可以显示标签注解的区域。

可对各指令、结点等进行文字注解说明。其文字数没有限制,也可进行多行输入。

(1) 移动鼠标至结点处,单击鼠标右键,在弹出的选项卡中选择【Properties】选项,打开【Element Properties】画面后,输入数据即可,如图 3.53 所示。

(2) 注解需换行时,同时按住〔Ctrl〕+〔Enter〕键即可换行。

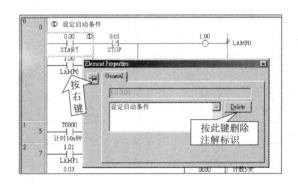

图 3.53

4. 回路注解(Rung Properties)

回路注解可对各回路输入相关注解说明。其文字数没有限制,并可进行多行输入。

(1) 鼠标移至左母线外的回路编号处,单击鼠标右键,在弹出的选项卡中选择【Properties】选项,打开【Rung Properties】画面后,输入数据即可,如图 3.54 所示

(2) 注解需换行时,同时按住〔Ctrl〕+〔Enter〕键即可换行。

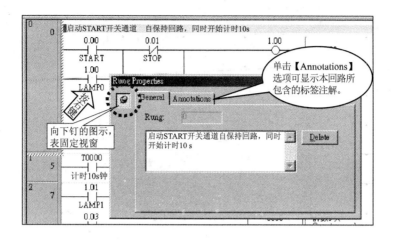

图 3.54

参考

注解可用的文字范围

数值(0~9)、英文字母(A~Za~z)、中文字、符号(!"＃＄％＆.＊
()+－＊/＝－\@〇,.～|'{}＜＞? _)及空格皆可输入。

3.7 存储文档

执行文档的存储时,会存储 Project 整体。

(1)选择【File】→【Save】(💾),选择〔存储路径〕,如:桌面→ 940101、
〔文档名称〕、〔保存类型〕。

(2)输入文档名称〔Program1〕,单击【存储】按钮,如图 3.55 所示。

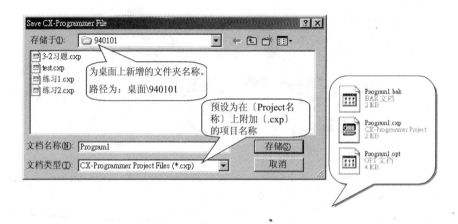

图 3.55

参考

1.opt 文档为何种类型文档?

〔＊.opt〕为自动产生的文档,当您存储〔＊.cxp〕时就会另产生一相同文档名称的〔＊.opt〕。

〔＊.opt〕存放视窗书面情报、Watch 视窗等的情报。

所以当您要复制文档时,请务必同时拷贝〔＊.cxp〕及〔＊.opt〕。

2.bak 文档为何种类型文档?

〔＊.bak〕即备份〔＊.cxp〕的旧文档,当您重新存储〔＊.cxp〕时,旧的〔＊.cxp〕就会存储在"＊.bak",以便不时之需。

1. 结束文档

选择【File】→【Close】。

2. 打开文档()

(1) 选择【File】→【Open】。

(2) 选择要打开的【文档名称】并单击〔打开文件〕。

3.8 练 习

请试着在〔Program1〕程序上自行加上回路注解及标签注解,如图 3.56 所示。

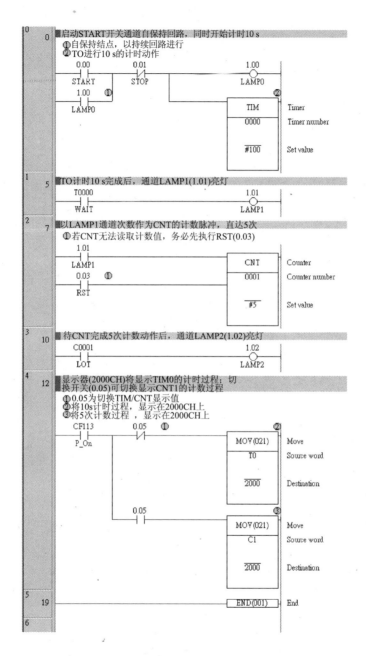

图 3.56

第 4 章

在线功能(ON-LINE)

4.1 连线/离线的操作

PLC 及 PC 间的在线通信状态称为在线(On-Line),而 Project 树状的 PLC 名称旁会显示在线的动作状态。

1. 与 PLC 连线( )

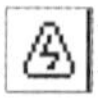

(1) 选择【PLC】→【Work Online】,如图 4.1 所示。

连线工具说明:

① ② ③ ④

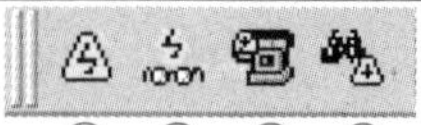

① 一般连线:设定 PLC 正确的 TYPE 后即可连线。

② 线上监控:连线后显示输入/输出连线状态。

③ 模拟连线:此功能须安装 CX-Simulator 后,即可启动模拟 PLC 动作模式。

④ 自动连线:自动搜寻 PLC 的设定 TYPE 并连线

CX-Programmer v5.0
About to connect to the PLC.
Do you wish to continue ?
是(Y)
否(N)

图 4.1

(2) 出现上述书面后,单击【是】。

(3) 进入在线状态后,梯形图书面成为灰色显示,如图 4.2 所示。

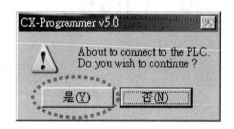

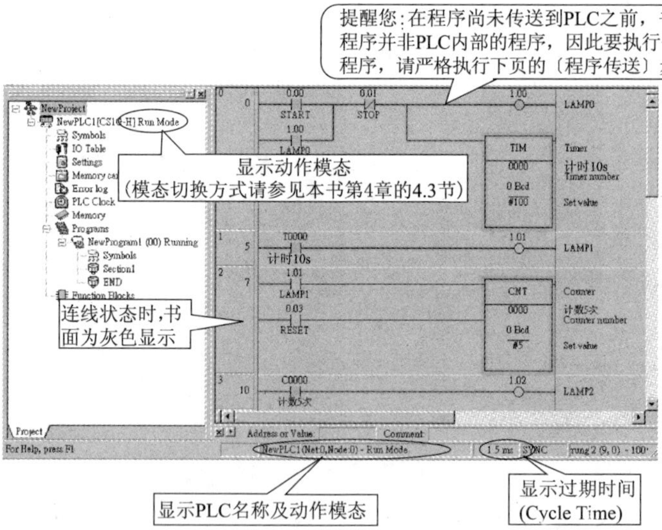

提醒您:在程序尚未传送到PLC之前,书面所见程序并非PLC内部的程序,因此要执行书面上的程序,请严格执行下页的〔程序传送〕步骤说明
显示动作模态
(模态切换方式请参见本书第4章的4.3节)
连线状态时,书面为灰色显示
显示PLC名称及动作模态
显示过期时间
(Cycle Time)

图 4.2

2. 切换至离线（  ）

再次选择【PLC】→【Work Online】，即切换至离线（Off-line）。

4.2　程序传送

程序传送的在线状态见表 4.1。

表 4.1

Program	Monitor	Run
○	×	×

传送程序至 PLC，以执行程序监视、调试等功能。

1. PC→PLC（Download ）

将计算机上的程序传送至 PLC 执行。

（1）选择【PLC】→【Transfer】→【To PLC】。

（2）选择传送项目，单击 OK ，如图 4.3 所示。

说明：可以传送的项目会因为 PLC 机种的不同而有不同，其项目会自动显示。

图 4.3

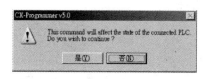

图 4.4

（3）单击 是 按钮，如图 4.4 所示。

说明：若 PLC 的动作模式不是处在〔Program〕下，则会出现【Change the PLC to Program mode?】的询问视窗，请单击 是 ，自动切换到〔Program〕模式下传送程序，结束也会主动询问是否切换回先前模式，如图 4.5 所示。

图 4.5

57

（4）传送成功,单击 OK 按钮,如图 4.6 所示。

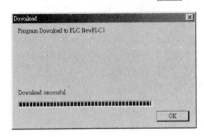

图 4.6

2. PLC→PC(Upload)

将 PLC 内部执行的程序传输至计算机。

（1）选择【PLC】→【Transfer】→【From PLC】。

（2）选择传送项目,单击 OK 。

（3）会显示信息,单击 是 。

（4）结束传送后,单击 OK 。

3. 程序比对 PLC←→PC(Compare with PLC 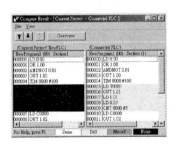)

执行 CX-P 书面程序及 PLC 内部的程序比较,检查并列出两方程序的差异处,如图 4.7 所示。

图 4.7

4.3　PLC 的运行/停止

PLC 的运转/停止的在线状态见表 4.2。

表 4.2

Program	Monitor	Run
○	○	○
（PLC 停止）	（PLC 运行）	（PLC 运行）

58

切换动作模式设定,可决定 PLC 为运行/停止动作。

注意

① 请确认不会对设备造成影响后,再切换 PLC 的动作模式。

② 充分确认程序的动作无误后,便可进入 RUN 模式。

1. 动作模式的切换

变更 PLC 的动作模式时,选取表 4.3 所列的菜单。

表 4.3

动作模式	选　单
〔Program Mode〕	【PLC】→【Operating Mode】→【Program】
〔Monitor Mode〕	【PLC】→【Operating Mode】→【Monitor】
〔Run Mode〕	【PLC】→【Operating Mode】→【Run】

2. PLC 的运行(　)〔Monitor/Run〕

(1) 将 PLC 的动作模式切换为〔Monitor〕或〔Run〕,如图 4.8 所示。

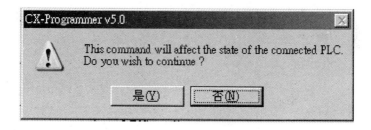

图 4.8

(2) 单击 是 按钮,PLC 的动作模式会进入〔Monitor/Run〕,并开始运行程序。

3. PLC 的停止(　)〔Program〕

(1) 将 PLC 的动作模式切换为〔Program〕,显示确认信息。

(2) 单击 是 按钮,PLC 的动作模式会进入〔Program〕,PLC 停止运行。

4.4 I/O 表的生成

I/O 表生成的在线状态见表 4.4。

表 4.4

Program	Monitor	Run
○	×	×

登录 PLC 实际配置的模块种类及配置位置，以 I/O 表形式写入 PLC。

注意

> 请确认 PLC 在连线状态（Online），并将动作模式设定在〔Program〕。

（1）选择【PLC】→【Edit】→【I/O Table】（或双击 Project 树状的【I/O Table】项目），即会显示 I/O 表视窗，如图 4.9 所示。

（2）选择【Options】→【Create】，系统将自动把 PLC 实际配置的模块种类及配置位置，登录在 I/O 表中。

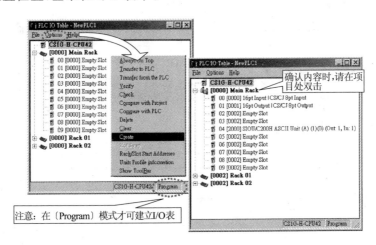

图 4.9

（3）关闭 I/O 表（**X**）：选择【File】→【Exit】。

4.5　练　习

（1）请练习编写图 4.10 所示程序,并存储文档名称〔Program2〕。

Program2 程序说明:各个 LAMP 灯号配合定时器轮流亮灯。

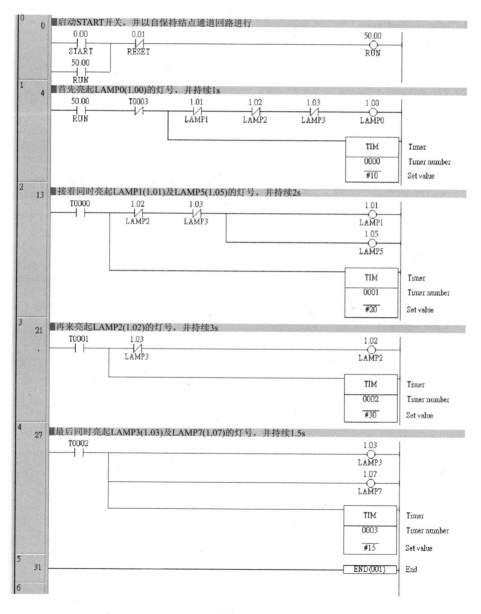

图 4.10

（2）请练习编写下方程序,并存储文档名称〔Program3〕。

Program3 程序说明:模拟自动贩卖机动作(以购买 25 元饮料为例)(见图 4.11)。

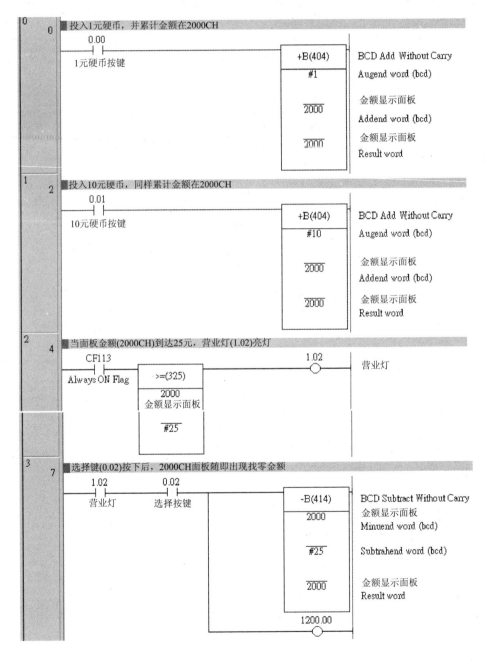

图 4.11

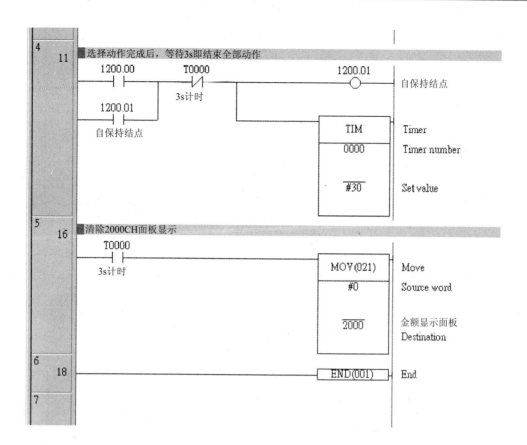

续图 4.11

第 5 章

调试功能（Debug）

5.1　在线监控(On-Line Monitor)

在线监控的 On-Line 状态见表 5.1。

表 5.1

Program	Monitor	Run
×	○	○

将梯形程序的执行状况显示于书面上,进行监控。

注意

> 只进行线上连接时,阶梯视窗不会显示回路导通状态。

1. 进行在线监控( )

选择【PLC】→【Monitor】→【Monitoring】( ),即可进行在线监控,如图 5.1 所示。

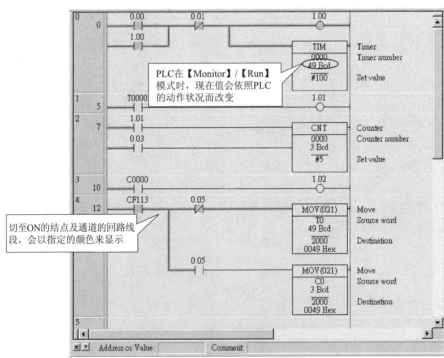

图 5.1

2. 解除在线监控(⬚)

选择【PLC】→【Monitor】→【Monitoring】,即可取消在线监控。

5.2 Watch 视窗

Watch 视图的 On-Line 状态见表 5.2。

表 **5.2**

Program	Monitor	Run
○	○	○

指定 PLC 名称及地址,进行 I/O 监控。

1. 进行监控(⬚)

(1) 选择【View】→【Windows】→【Watch】(⬚),以显示 Watch 视窗,如图 5.2 所示。

(2) 在 Watch 视窗中单击右键,选择【Watch Sheet】可增减 Sheet 工作表单,选择【View】可选择显示监控的栏位项目,如图 5.3 所示,栏位项目的功能说明见表 5.3。

说明有多个Sheet工作表单便于管理

图 **5.2**

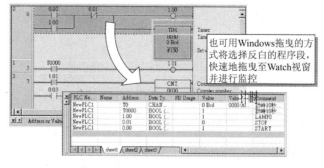

也可用Windows拖曳的方式将选择反白的程序段,快速地拖曳至Watch视窗并进行监控

图 **5.3**

表 5.3

项　目	功　能
PLC	指定监控的 PLC 名称
Name or address	输入监控结点/CH 的地址
Data Type/Format	监控 I/O 结点时选择〔BOOL〕,监控 CH 时选择〔CHANNEL〕 ※其他 Type 参考参考资料 1 中的参考 1 说明

2. 删除方法

选中要删除的项目,单击右键,在弹出的选项中选择【Delete】即可。

5.3　强制 ON/OFF

强制 ON/OFF 的 On-Line 状态见表 5.4。

表 5.4

Program	Monitor	Run
○	○	○

强制执行输出 / 输入结点、TIM、CNT 的 ON/OFF 状态。

注意

(1)确认不会影响设备后,强制执行 ON/OFF 动作。

(2)请确认 PLC 的动作模式为〔Monitor〕、并为在线监控(On-Line Monitor)状态。

参考

利用输入结点的强制 ON/OFF,可以在未实际连接使用的机械下,模拟和 PLC 连接时相同的状态,故可确认输出的动作状态。

1. Force 强制固定 ON/OFF 状态(出现"锁标记"表示)

说明: Force 会强制执行 ON/OFF 的状态,直到解除强制或再度执行强制 ON/OFF 的操作为止。

选择【PLC】→【Force】→【On/Off/Cancel/Cancel All Forces】(或单击右键选择),如图 5.4 所示。

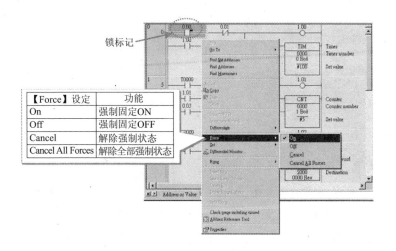

锁标记

【Force】设定	功能
On	强制固定ON
Off	强制固定OFF
Cancel	解除强制状态
Cancel All Forces	解除全部强制状态

图 5.4

2. Set 强制执行 ON/OFF 动作 1 次

说明:SET 会强制结点仅执行 ON/OFF 动作 1 次(即 1 个周期时间),随即复归原操作状态。

选择【PLC】→【Set】→【On/Off】(或单击右键选择)。

说明:在 Watch 视窗内,也可执行【Force】、【Set】的强制操作。

5.4 设定值变更

设定值变更的 On-Line 状态见表 5.5。

表 5.5

Program	Monitor	Run
○	○	○

变更 TIM/CNT 的设定值、CH 的现在值。

69

注意

① 确认不会影响设备后,才进行设定值变更。

② 并请确认 PLC 的动作模式为〔Monitor〕、并为在线监控(On-Line Monitor)状态。

范例

更改 TIM0 的设定值,将 10 s 改为 5 s,如图 5.5 所示。

(1)单击右键选择要变更设定值的位置(【TIM0】指令的 Operand 2)。

(2)选择【Set】→【Value】,即出现更改视窗。

(3)进行修正数据(♯100→♯50)。

(4)单击 OK ,即完成设定。

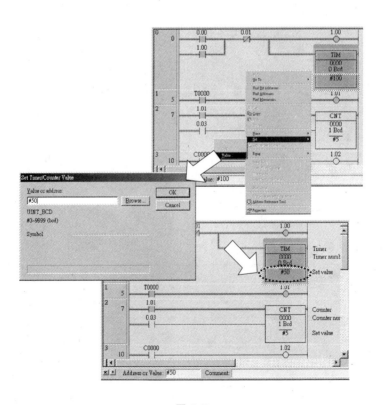

图 5.5

5.5 在线编辑(On-Line Edit)

在线编辑的 On-Line 状态见表 5.6。

表 5.6

Program	Monitor	Run
○	○	×

说明:在连线(On-Line)状态下,针对一个或多个回路进行程序变更、插入、删除等部分的修改。

修正内容会反映在 CX-Programmer 程序及 PLC 程序双方。

On-Line Edit 只限小部分修改,大幅度的程序修改,请在离线状态下修改。

范例

追加一个并联结点(0.06)在回路 0 当中。

(1)鼠标停留在回路 0 区域,选择【Program】→【On-Line Edit】→【Begin】(或在回路编号处单击右键选择),如图 5.6 所示。

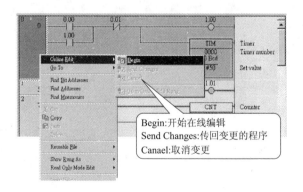

Begin:开始在线编辑
Send Changes:传回变更的程序
Canael:取消变更

图 5.6

(2)回路 0 进入编辑状态时,回路区域呈现白色,始可进行编辑。

(3)完成追加的并联回路(0.06),如图 5.7 所示。

71

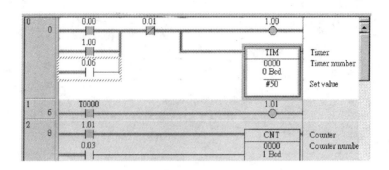

图 5.7

（4）选择【Program】→【On-Line Edit】→【Send Changes】，立即恢复连线状态，如图 5.8 所示。

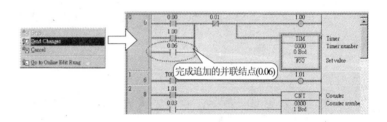

图 5.8

5.6 时序图监控

时序图监控的 On-Line 状态见表 5.7。

表 5.7

Program	Monitor	Run
○	○	○

数据追踪/时间图表监控会将 PLC 的启动状况（CH 的现在值/结点的状态）显示在 CX-Programmer 上。

数据追踪 Data Trace：

因为是以 CPU 本身的功能来追踪数据，故可以有高速的取样，但无法在没有追踪存储器的 PLC 上执行。

5.6.1 参数的设定

（1）选择【PLC】→【Time Chart Monitoring】。

（2）以新开启的〔PLC 数据追踪视窗〕来选择【Operation】→【Configure】
（ ），如图 5.9 所示。

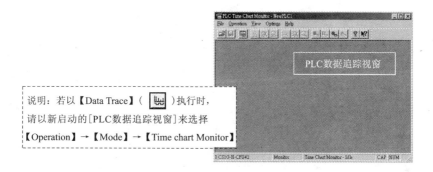

图 5.9

1.【Trigger】设定

设定 Trigger 的 CH/结点的条件及延迟值，如图 5.10 及表 5.8 所示。

图 5.10

表 5.8

选 项	功 能
Symbol 变量/Address 地址	输入 Trigger 结点/CH 的地址符号 亦可点取〔Browse〕来找寻符号并执行输入
Value/Edge	Value:指定 CH 时,输入 Trigger 值 Edge:选择结点的【Falling Edge】或【Rising Edge】
Delay(延迟)	从 Trigger 条件成立开始,只会偏离延迟值样本数的追踪前头位置

2.【Sampling】设定

设定取样条件,如图 5.11 所示,各选项的功能见表 5.9。

图 5.11

表 5.9

选 项	功 能
Fixed Interval（固定间隔）	取样周期设定 （周期单位：ms/s/min/h/d）
Buffer Size(缓冲区大小)	只执行指定之样本数取样
Stop When Buffer Full（在缓冲区容量内执行）	有效:缓冲区全满时时,结束取样

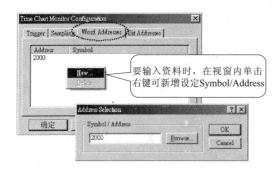

图 5.12

3.【Word Address】标记

设定取样的 CH 地址,如图 5.12所示,CH 数量见表 5.10。

（1）单击右键选择【New】。

（2）输入 CH 地址〔2000〕,单击 确定 。

说明:删除时同样按右键选取【Delete】。

表 5.10

项 目	最大 CH 取样数	【CH 数量】
CS/CJ 系列	6	
C 系列	3	
CVM1/CV 系列	3	

4.【Bit Address】设定

设定取样的结点地址,设定方法参考【Word Address】的方式,如图 5.13所示,CH 数量见表 5.11。

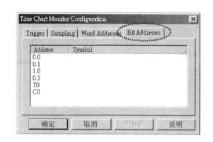

图 5.13

表 5.11

项 目	最大 CH 取样数	【CH 数量】
CS/CJ 系列	31	
C 系列	12	
CVM1/CV 系列	12	

5.6.2 开启执行时序图监控动作

在〔PLC 的数据追踪视窗〕中选择【Operation】→【Execute】(）。

Trigger 条件成立后就开始取样,时序图监控画面会显示于〔PLC 的数据追踪视窗〕内,如图 5.14 所示。

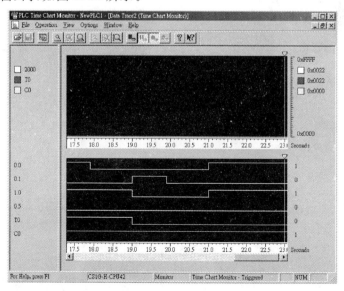

图 5.14

5.6.3 停止时序图监控

选择【Operation】→【Stop】([图标])即可停止时序图监控。

5.7 交叉分析(Cross Reference)

交叉分析的 On-Line 状态见表 5.12。

表 5.12

Program	Monitor	Run
○	○	×

5.7.1 交叉分析报告(Cross-Reference Report)

显示各区域种别或全区域种别的交叉分析表(Cross Reference)。

(1)选择【View】→【Cross-Reference Report】出现视窗画面。

(2)决定〔Report Type〕及〔Memory area〕,单击【Generate】键。

1. 详列存储器使用状况(Detailed usage)

图 5.15 以一览表显示当前使用地址的程序名称、程序地址(STEP)、使用的命令句等。

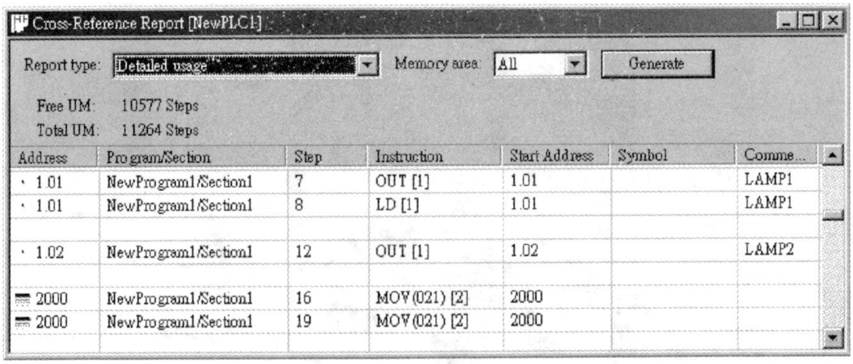

图 5.15

2. 存储器使用状况(Usage overview)

图5.16显示当前使用地址的CH数据、各位元的使用次数(D代表附有变量名称的地址)。

图 5.16

3. 存储器使用／未使用状况(Usage overview including unused)

图5.17显示全部地址的CH数据、各位元的使用次数(D表示附有变量名称的地址）。

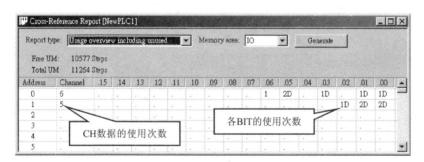

图 5.17

5.7.2 地址参照工具视窗(Address Reference Tool) ( )

另外开启一地址参照工具视窗(Address Reference Tool),并以一览表方式显示鼠标所在位置的地址(结点)的资讯,使用相同地址(结点)的其他指令均会详列出来。

将鼠标移至目的位置,选取【View】→【Windows】→【Address Reference Tool】,如图5.18所示。

77

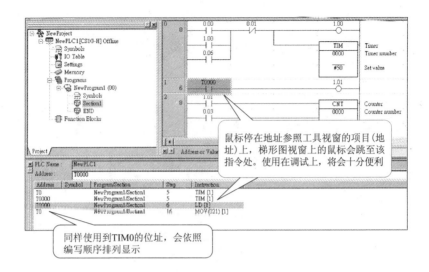

图 5.18

5.8　Window 视窗功能

Window 视窗功能的 On-Line 状态见表 5.13。

表 5.13

Program	Monitor	Run
○	○	○

各种视窗功能只有在梯形图视窗才有效。

1. 新视窗〔New Window〕／水平并排显示〔Tile Horizontally〕

新开启与鼠标位置所在的视窗相同内容的视窗。

（1）将鼠标移至目的视窗，选择【Window】→【New Window】。

（2）将两视窗水平并排显示如图 5.19 所示，选择【Window】→【Tile Horizontally】。

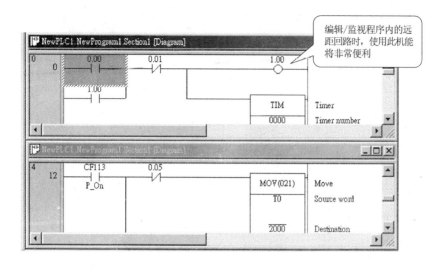

图 5.19

2. 重叠显示〔Cascade〕

重叠显示现在开启的视窗，选择【Windows】→【Cascade】，如图 5.20 所示。

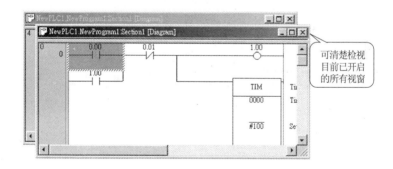

图 5.20

3. 垂直并排显示〔Tile Vertically〕

垂直并排显示现在开启的视窗，选择【Window】→【Tile Vertically】，如图 5.21 所示。

79

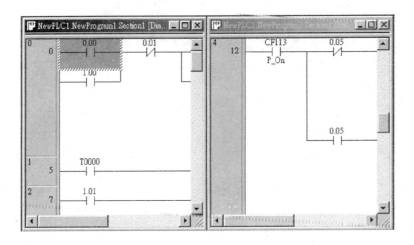

图 5.21

4. 重新整理〔Arrange Icons〕

重新整理最小化视窗的图示排列。

5. 分割〔Split〕

分割显示现在开启的梯形图视窗,如图 5.22 所示。

(1) 将鼠标置于想要分割的梯形图视窗,选择【Window】→【Split】。

(2) 移动鼠标后,指定分割的视窗的尺寸,然后再选择。

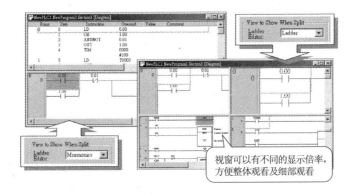

图 5.22

说明:参考第 3 章的 3.1 节环境【Option】设定。

5.9 寻找(Find)/取代(Replace)

1. 寻找〔Find〕( )

寻找程序地址、值、编码等,见图 5.23,各选项的说明见表 5.14。

(1) 选取【Edit】→【Find】。

(2) 选择寻找对象及输入文字列。

(3) 按下【Find Next】键寻找。

说明:共同的【设定条件】:

〔Include Symbol Table〕——是否包含整体符号表;

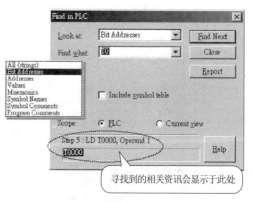

图 5.23

〔Scope:◎PLC ◎Current View〕——选择整体 PLC 或目前视窗。

表 5.14

	选 项	说 明	
Look at	All (Strings)	寻找位元地址	
	Addresses	寻找地址(【设定条件】Include BOOLs:包含 BOOL 数)	
	Values	寻找值(【设定条件】Integer:整数/Floating point:浮点数)	
	Bit Addresses	寻找完整字串	【设定条件】· Match whole word only:需和输入文字列完全相同 · Match case:需符合大、小写
	Mnemonics	寻找程序编码	
	Symbol Names	寻找 I/O 注解(Comment)	
	Symbol Comments	寻找标签注解(Element Proper-ties)	
	Program Comments	寻找回路注解(Rung Properties)	
Find what		输入想要找寻的数据、文字列	
【Find Next】		开始寻找。找到目标后,继续按【Find Next】键,可再往下寻找	
【Report】		将寻找的结果显示于 Output 视窗的【Find Report】中	

2. Output 视窗的【Find Report】

设定寻找对象及输入文字列后,单击【Report】键,则寻找结果会在 Output 视窗详列并显示地址、回路、I/O 注解、变量等的文字列,如图 5.24 所示。

说明:【Find Report】也会显示〔Replace All〕取代动作完成后的报告。

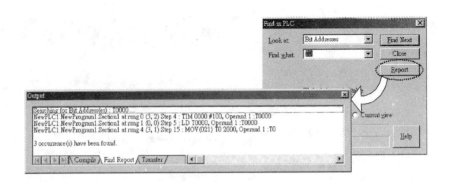

图 5. 24

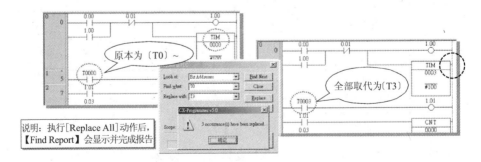

图 5. 25

3. 取代〔Replace〕(　)

寻找指定的目标值进行取代,如图 5. 25 所示。

(1) 选择【Edit】→【Replace】。

(2)〔Find what〕输入目标值(T0)。

(3)〔Replace with〕输入取代值(T3)。

(4) 单击【Find Next】寻找,或直接选择。

【Replace】或【Replace All】取代,如图 5. 26 所示,各选项的功能见表 5. 15。

注意

　　〔Replace with〕取代功能仅于离线(Off-Line)时有效,因此在连线状态时应切换至离线状态。

图 5. 26

表 5.15

Look at	※功能设定同 Find 寻找之〔Look at〕
Find what	输入目标值
Replace with	输入取代值
【Replace】	找到符合条件的目标值取代为指定值
【Replace All】	将全部符合条件的目标值一律取代为指定值

4. 跳至〔Go to〕

选择【Edit】→【Go to】→…,如图 5.27 所示。

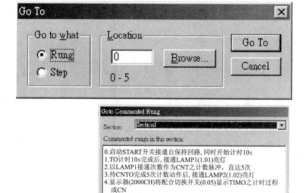

图 5.27

(1) 跳越至指定的回路编号／程序地址(Step):

• 单击【Rung ／ Step Number】。

• 选择〔Rung〕或〔Step〕,在〔Location〕输入编号,单击【Go to】。

(2) 参照回路注解跳越至指定的回路:

• 单击【Commented Rung】。

• 指定回路注解即可。

83

第 6 章

其他的功能

◀◀◀◀◀◀◀◀◀◀◀◀

6.1 周期时间(Cycle Time)

周期时间的 On-Line 状态见表 6.1。

表 **6.1**

Program	Monitor	Run
○	○	○

PLC 运行时即循环重复执行内部处理、确认异常、读取程序、I/O 分配等连串的操作,而 PLC 运行一次的时间则为周期时间(Cycle Time)。

选择【PLC】→【Edit】→【Cycle Time】,如图 6.1 所示。

说明:视窗会出现周期时间的平均值(Mean)、最大值(Max)、最小值(Min)等数据,如图 6.2 所示。

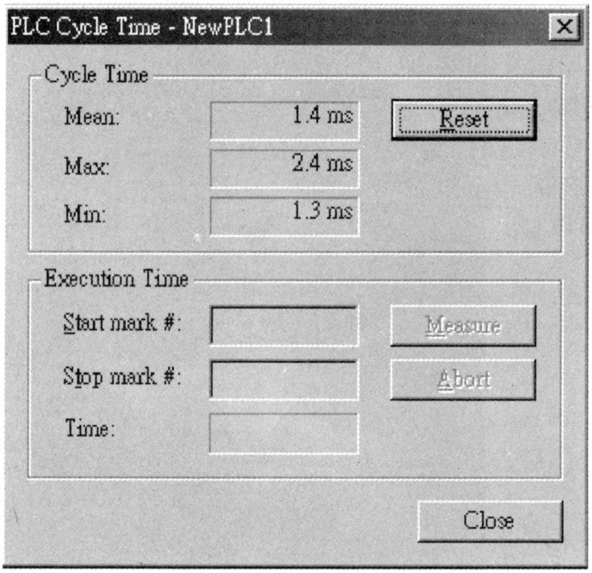

注:[Execution Time]功能仅限 CVM1/CV 系列机种使用

图 **6.1**

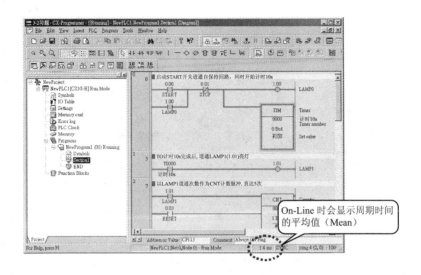

图 6.2

6.2 PLC 存储器的编辑

On-Line 连线时,可以依类别来监控整体 PLC 的 I/O Memory 状态,并依照程序动作随时变更画面的数值。

PLC 存储器视窗的启动及监控介绍如下。

6.2.1 I/O Memory 整体监控

(1) 选择【PLC】→【Edit】→【Memory】(或单击 Project 树状的〔Memory〕),新开启〔PLC Memory〕视窗,如图 6.3 所示。

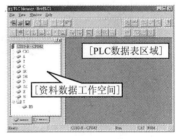

图 6.3

 注意

> 接下来的动作,都必须在 On-Line 状态下执行。

(2) 双击〔数据区域工作空间〕的(Tim),右方〔PLC 数据表区域〕则会显示 TIM 整体区域,选取【On-Line】→【Monitor】进行 TIM 整体区域监控,如图 6.4 所示。

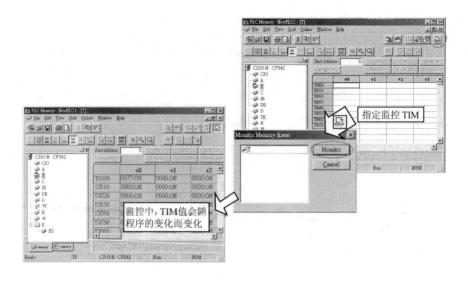

图 6.4

（3）监控的解除（）：再选择【On-Line】→【Monitor】即可解除。

6.2.2　指定1个或多个连续地址、写入相同数据

在〔PLC数据表区域〕选择地址范围、PLC数据表显示的范围，或整体区域，写入相同的数据，如图6.5所示。

（1）单击〔数据区域工作空间〕的【CIO】，将在〔PLC数据表区域〕出现CIO整体区域。

（2）选择地址范围（CIO2000）（若为连续地址则用拖曳方式选取）。

（3）选择【Grid】→【Fill Data Area】（），打开〔Fill Memory Area〕视窗进行设定。

说明：设定〔Fill Range〕为（Selection）、〔Value〕为（FFFF、〔HEX〕），完成后单击【Fill】键。

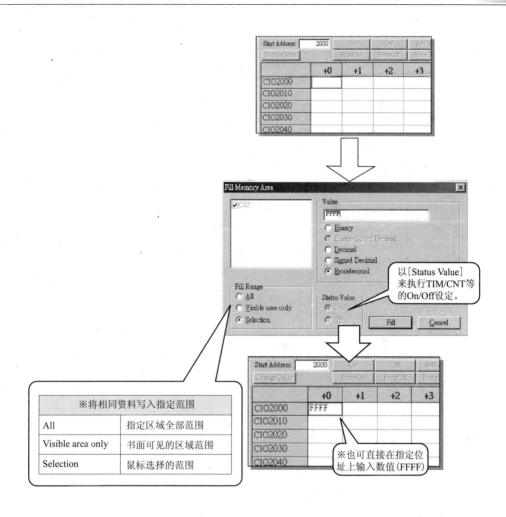

图 6.5

※选择范围设定为[Selection]时

	0	1	2	3	4
CIO2000	1234	1234	1234		
CIO2010					
CIO2020					

续图 6.5

6.2.3 传送 I/O Memory 的数据

将 PLC 数据表编辑的数据传送至 PC 或从 PC 传送至 PLC 数据表。

1. PC 传送至 PLC 数据表()

PC 传送于 PLC 数据表如图 6.6 所示。

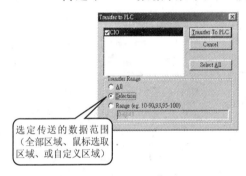

选定传送的数据范围（全部区域、鼠标选取区域、或自定义区域）

图 6.6

（1）选择【On-Line】→【Transfer To PLC】。

（2）选择传送区域种别（CIO），设定〔Transfer Range〕为〔Selection〕。

（3）单击【Transfer To PLC】键，将指定数据传入 PLC。

说明:执行【PC→PLC】传送时,PLC 的动作模式及 I/O 存储器请参见表 6.2。

表 6.2

指定 I/O Memory	Program	Monitor	Run
数据存储器（D）	○	○	×
其他的区域（A,T,C,IR,W,…）	○	×	×

2. PLC 至 PC()

将 PLC 数据表编辑的数据传送至 PC 如图 6.7 所示。

（1）选择【On-Line】→【Transfer From PLC】。

（2）选择传送区域种别（CIO），设定

图 6.7

90

〔Transfer Range〕为〔Selection〕。

（3）单击【Transfer From PLC】键，将指定数据传送至计算机 PC。

参考

※指定 PLC 数据表范围，单击 ![icon]，可清除指定的范围（存储

PLC 数据时，会依据信息来存储）。

※也可进行 PC 编辑的数据及 PLC 的数据的比较（![icon]）。

6.2.4 地址〔Address〕监控

指定地址或符号，执行数据监控。也可在地址监控上变更强制 ON/OFF 的现在值。

（1）单击〔Address〕标记后，双击数据区域工作空间的〔Monitor〕，如图 6.8 所示。

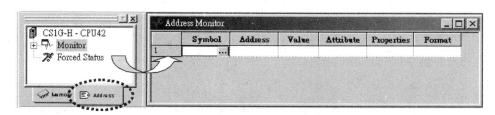

图 6.8

（2）在【Address】处直接输入要监控地址（0.0）或其他符号，按下 Enter 键，即可立即监控相关资讯，如图 6.9 所示。

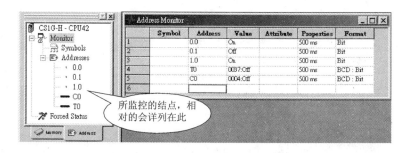

图 6.9

91

6.2.5 找寻并显示强制 ON/OFF 的地址

在 PLC 上找寻并显示强制 ON/OFF 的地址。

同样,在〔Address〕标记下双击〔数据区域工作空间〕的〔Forced status〕即可,如图 6.10 所示。

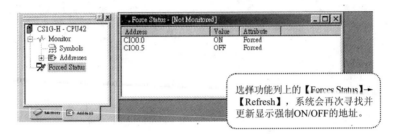

图 6.10

6.3 开启旧文档格式

针对旧文档,如:SSS、CPT...所编辑的程序,CX-Programmer V2.1 以上版本,直接以〔Open〕的方式直接开启旧式文档格式。而低于 CX-Programmer V2.1 以下版本,则需先转换成公用程序(.cxt)再进入 CX-P 读取。

6.3.1 旧文档格式数据参考

(1) LSS 数据图书馆(PGC2000.dat)见表 6.3。

说明:未支援 PGC500.dat。

表 6.3

数据的种类	副文件名	备 注
阶梯程序	p	为 LSS 数据图书馆不含 PLC 情报,已决定汇入后的 PLC 机种/CPU 型号。变更 PLC 机种/CPU 型号时,请以 CX-Programmer 下载后,再执行〔PLC 机种变更〕
DM	d	
I/O 表	I	
PLC 系统设定	q	
应用命令设定表	f	

（2）SSS 数据文档见表 6.4。

表 6.4

文档的种类	副文件名	备 注
阶梯程序	sp1	
部分存储文档	1s1	
DM/EM	sp6	将对象 PLC 机种变换成最大容量的机种,在汇入后请确认 PLC 机种/CPU 型号
I/O 表	sp5	
PLC 系统设定	sp7	
应用命令设定表（C系列）	sp3	

（3）CVSS 数据文档见表 6.5。

（4）CPT 文档（ * . cpt）〔 * . cpt〕整理管理见表 6.6 所列数据。

表 6.5

文档的种类	副文件名
阶梯程序	cod
部分存储文档	cir
DM	dmd
EM	edm
I/O 命令表	cmt
I/O 名称表	sb1
I/O 表	iot
PC 系统设定	cpu

表 6.6

数据的种类
计划情报
阶梯程序
DM
EM
I/O 表
PC 系统设定
应用命令设定表

6.3.2 可汇入所生成数据的 PLC 型号

所生成数据可汇入表 6.7 所列 PLC。

表 6.7

PC 机种	CPU 型号
CVM1	CPU01、CPU01-V1/V2、CPU11、CPU11-V1/V2、CPU21-V2
CV	CV500-CPU01/CPU01-V1、 CV1000-CPU01/CPU01-V1、 CV2000-CPU01/CPU01-V1

续表 6.7

PC 机种	CPU 型号
C200HX	CPU34、CPU44、CPU54、CPU64
C200HG	CPU33、CPU43、CPU53、CPU63
C200HE	CPU11、CPU32、CPU42
C200HX-Z	CPU34-Z、CPU44-Z、CPU54-Z、CPU64-Z、CPU65-Z、CPU85-Z
C200HG-Z	CPU33-Z、CPU43-Z、CPU53-Z、CPU63-Z
C200HE-Z	CPU11-Z、CPU32-Z、CPU42-Z
C200HS	CPU01、CPU03、CPU21、CPU23、CPU31、CPU33
C200H	CPU01、CPU02、CPU03、CPU11、CPU21、CPU22、CPU23、CPU31
C1000H	CPU01
C2000H	CPU01
CQM1	CPU11、CPU21、CPU41、CPU42、CPU43、CPU44
CPM1(CPM1A)	CPM1-CPU10、 CPM-CPU20、 CPM1-CPU30、 CPM1A-CPU10、 CPM1A-CPU20、CPM1A-CPU30、CPM1A-CPU40
SRM1	C01、C02

6.3.3　开启旧文档格式(CX-Programmer V2.1 以上版本)

（1）选择文档类型（CPT 格式为 ＊.cpt）如图 6.11 所示。

图 6.11

（2）选择文档名称（Demo.cpt），单击〔开启旧文档〕。

（3）文档开启（呈现下图编码格式），选择全部回路，执行【Edit】→【Select All】。

（4）选择【Edit】→【Rung】→【Show as Ladder】(▦)转换成梯形图格式即可，如图 6.12 所示。

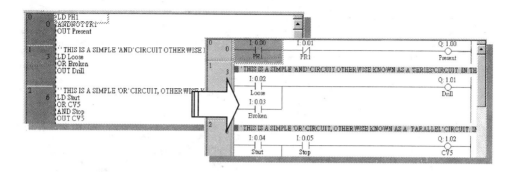

图 6.12

（5）完成后,务必另存新档【Save as】为 .cxp 格式。

6.3.4　开启旧文档格式(CX-Programmer V2.1 以下版本)

CX-Programmer V2.1 以下版本无法直接开启旧文档格式,需先转换成公用程序(＊.cxt),才可被 CX-Programmer 读取。

文档变换公用程序

安装磁碟的标准附属:使用文档变换公用程序,将旧的支援软件所编辑的程序及数据转换成 CX-Programmer 所使用的文档形式(.cxt 文档),如图 6.13 所示。

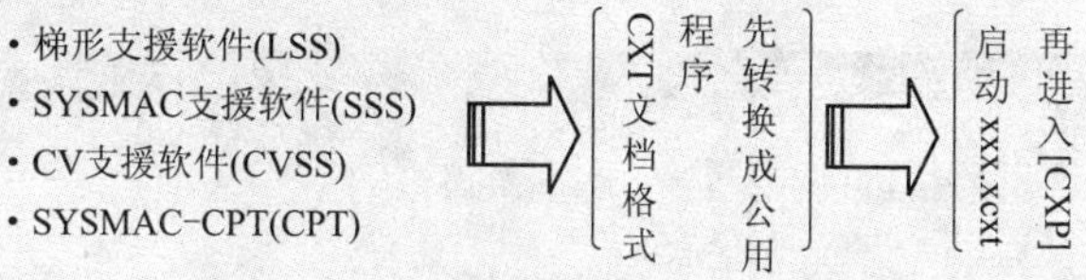

- 梯形支援软件(LSS)
- SYSMAC支援软件(SSS)
- CV支援软件(CVSS)
- SYSMAC-CPT(CPT)

→ 先转换成公用程序 CXT文档格式 → 启动 xxx.xcxt 再进入【CXP】

图 6.13

※.cxt 小文档

在汇入旧支援软件的数据时,须先生成(＊.cxt)公用程序。CX-Programmer 可以读取 cxt 文档,并以其他公用程序及应用程序间容易处理的格式(内文形式)来存储。

1. 先转换成公用程序

（1）启动 Windows 工作列的【开始】→【程序】→【Omron】→【CX-Pro-

95

grammer】→【File Conversion Utility】，即打开【CX-Programmer File Convert 程序】对话视窗。

（2）选择【File】→【Import】。

（3）选择文件类型、文档名称，单击〔开启旧文档〕开始进行文档转换，如图 6.14所示。

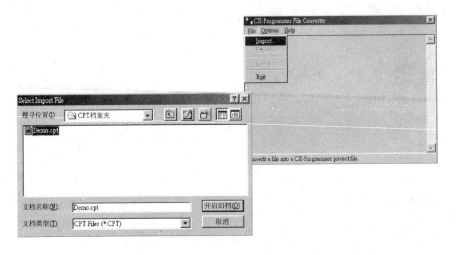

图 6.14

（4）完成后视窗显示〔Conversion Complete!〕（表示转换成功），如图 6.15所示。

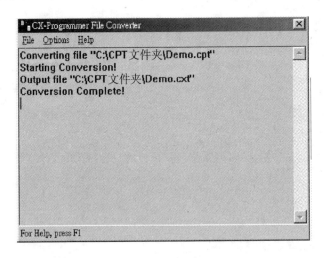

图 6.15

（5）关闭视窗：【File】→【Exit】或单击（ **X** ）。

2．导入程序

（1）选择【File】→【Import】。

（2）选择文档类型（ ＊.cxt）、文档名称（Demo.cxt），单击【开启旧文档】。

（3）文档开启（呈现编码格式），选取全部回路，转换成梯形图格式即可（※参考前页）。

6.3.5 变换成使用机种

（1）双击〔Project〕树状的【PLC 名称】。

（2）设定 PLC 机种选择：【Device Type】（CS1G）、【CPU Type】（CPU42）、【Network Type】（SYSMAC），确定按 OK 。

6.4 程序打印

执行预览打印所见的梯形图书面，即为实际打印的格式。其打印格式可于版面设定进行调整。

6.4.1 打印预览( )

选择【File】→【Print Review】打开对话视窗（见图6.16）。

1．选择〔Section〕预览梯形图程序

（1）选择【File】→【Print Review】。

（2）决定要打印全部回路〔All〕或部分回路〔Select〕。

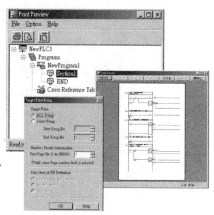

图6.16

（3）确认程序会在用纸范围内可视需要进行版面设定调整。确定后直接单击【打印】即可打印。

2．选择〔Cross Reference Table〕预览交叉分析表

如图6.17所示。

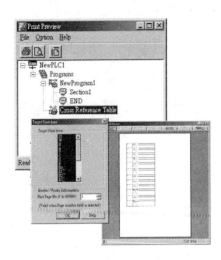

图 6.17

（1）选择【File】→【Print Review】。

（2）决定要打印哪些种类（预设全部）。

（3）确认程序会在用纸范围内（可视需要进行版面设定调整），确定后直接单击【打印】即可打印。

（4）不需打印则按 ✖ 离开。

> ※亦可选取【File】→【Page Setup】
> （ ▤ ）直接打印。

6.4.2　版面设定

如图 6.18 所示。

图 6.18

（1）选择【File】→【Page Setup】。

（2）点择【Margins】设定上下左右边界值/【Header】、【Footer】设定页首、页尾标记，而〔Insert Field〕进行参数设定（如：日期、时间、文件名……）及其他打印设定。

（3）设定结束后，单击【确定】。

参考资料一

参考 1　Symbol 数据设定类型

Symbol 符号表的数据设定形态见图 1,表 1。

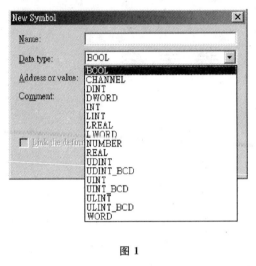

图 1

表 1

Name	Size	Signed	Format	Notes
BOOL	1 bit	—	Binary	Address of a logical binary value (Bit). Used for contacts and coils
CHANNEL	1 or more words	—	Any	Address of a non-bit value(i. e a single word or longer value, unsigned or signed). This type is used for backward compatibility. If a non-bit address is given a comment, the resulting symbol is given a 'CHANNEL' type
DINT	2 words	Yes	Binary	Address of a double integer
INT	1 word	Yes	Binary	Address of an integer
LINT	4 words	Yes	Binary	Address of an integer
NUMBER	—	Yes	Decimal	A literal value-not an address. 'NUMBER' type symbols can be used for numeric operands which are usually prefixedwith ' # ','&.',' +'or'-'. They can be used in BCD or binary instructions. For BCD usage, the value is treated as if entered in hex(e. g. the number ¹1234¹has the same effect as entering'＃1234¹

续表 1

Name	Size	Signed	Format	Notes
NUMBER	—	Yes	Decimal	in the operand) A floating-point value can be entered(e. g. '3. 1416'). An engineering format number can be entered(e. g. '-1. 1e4') Adecimal value is assumed. A hexadecimal value can be entered using a prefix of '#'
REAL	2 words	Yes	IEEE	Address of a floating-point number. The format is the 32-bit IEEE format. For the special OMRON floating point format (FDIV instruction) use the UDINT_BCD type
UDINT	2 words	NO	Binary	Address of an unsigned double integer
UDINT_BCD	2 words	NO	BCD	Address of an unsigned double BCD integer
UINT	1 word	No	Binary	Address of an unsigned integer
UINT_BCD	1 word	No	BCD	Address of an unsigned BCD integer
ULINT	4 words	No	Binary	Address of an unsigned long integer
ULINT_BCD	4 words	No	BCD	Address of an unsigned long BCD integer

参考 ② Variable 数据设定类型

Variable 变量的数据设定形态见图 2,表 2。

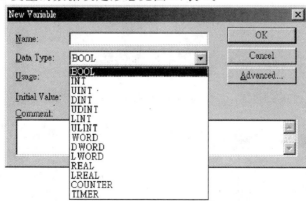

图 2

101

表 2

Data type	Content	Size	Range of values
BOOL	Bit data	1	0(FALSE),1(TRUE)
INT	Integer	16	−32,768 to +32,767
UINT	Double integer	32	−2,147,483,648 to+2,147,483,647
DINT	Long(8-byte)integer	64	−9,223,372,036,854,775,808, to +9,223, 372,036,854,775,807
LINT	Unsigned integer	16	&0 to 65,535
ULINT	Unsigned double integer	32	&0 to 4,294,967,295
WORD	Unsigned long(8-byte) Integer	64	&0 to 18,446,744,073,709,551,615
DWORD	Real number	32	−3.402823×1038 to−1.175494×10−38, 0,+1.175494×10−38 to+3.402823×1038
LWORD	Long real number	64	−1.79769313486232×10308 to −2.22507385850720×10−308,0, 2.22507385850720×10−308 to 1.79769313486232×10308
REAL	16-bit data	16	#0000 to FFFF or &0 to 65,535
LREAL	32-bit data	32	#00000000 to FFFFFFFF or &0 to 4,294, 967,295
‚COUNTER	64-bit data	64	#0000000000000000 to FFFFFFFFFFFFFF FF or &0 to 18,446,744,073,709,551,615
TIMER	Timer(＊)	Flag:1 bit PV:16 bits	Timer number:0 to 4095 Completion Flag:0 or 1 Timer PV: 0 to 9999(BCD), 0 to 65535(binary)
COUNTER	Counter(＊)	Flag:1 bit PV: 16 bits	Counter number: 0 to 4095 Completion Flag:0 or 1 Counter PV: 0 to 9999(BCD), 0 to 65535 (binary)

注:TIMER 和 COUNTER 的数据类型无法使用在 ST 语言(structured text function blocks)。

参考③　External Variable 数据设定类型

External Variable 外部变量的数据设定类型见图 3,表 3。

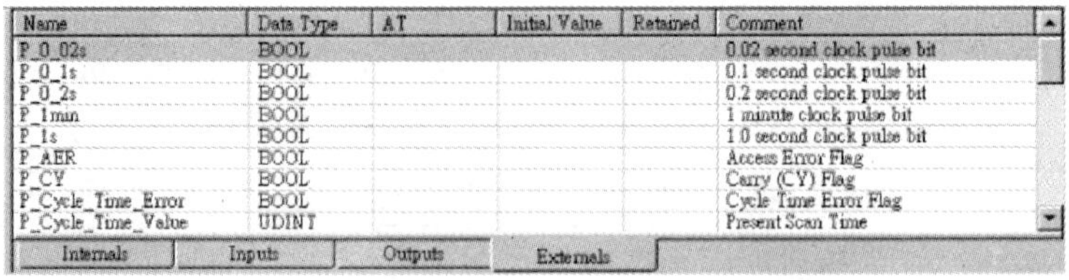

图 3

表 3

Classification	Name	External variable in CX-Programmer	Data type	Address
Conditions Flags （条件标志）	大于等于标志(GN)	P_GE	BOOL	CF00
	不等于标志(NE)	P_NE	BOOL	CF001
	小于等于标志(LE)	P_NE	BOOL	CF002
	指令连算错误标志(ER)	P_NE	BOOL	CF003
	进位标志(CY)	P_NE	BOOL	CF004
	大于标志(GT)	P_NE	BOOL	CF005
	等于标志(EQ)	P_NE	BOOL	CF006
	小于标志(LT)	P_NE	BOOL	CF007
	负标志(N)	P_NE	BOOL	CF008
	溢位标志(OF)	P_NE	BOOL	CF009
	低位标志(UF)	P_NE	BOOL	CF010
	读取错误标志	P_AER	BOOL	CF011
	常时 OFF 标志	P_Off	BOOL	CF014
	常时 ON 标志	P_On	BOOL	CF013
Clock Pulses （时钟脉冲）	0.02s 脉冲	P_0_02s	BOOL	CF103
	0.1s 脉冲	P_0_1s	BOOL	CF100
	0.2s 脉冲	P_0_2s	BOOL	CF101
	1min 脉冲	P_1min	BOOL	CF104
	1.0s 脉冲	P1s	BOOL	CF102
Auxiliary Area Flags/Bits （辅助标志 & 位元）	第一次执行周期标志	P_First_Cycle	BOOL	A200.11
	步聚标志	P_Step	BOOL	A200.12
	TASK 第一次执行周期标志	P_First_Cycle_Task	BOOL	A200.15
	最大周期时间	P_Max_Cycle_Time	UDINT	A262
	目前扫描时间	P_Cycle_Time_Value	UDINT	A264
	周期时间错误标志	P_Cycle_Time_Error	BOOL	A401.08
	低量电池标志	P_Low_Battery	BOOL	A402.04
	I/O 表比对异常标志	P_IO_Verify_Error	BOOL	A402.09
	输出 OFF 位元	P_Output_Off_Bit	BOOL	A500.15

续表 3

Classification	Name	External variable in CX-Programmer	Data type	Address
OMRON FB Library words *	定义 CIO 区	P_CIO	WORD	A450
	定义 HR 区	P_HR	WORD	A452
	定义 WR 区	P_WR	WORD	A451
	定义 DM 区	P_DM	WORD	A460
	定义 EM0 到 EMC 区	P_EM0 to P_EMC	WORD	A461 to A 473

【注】这些是使用在 OMRON FB Library 的变量，请勿使用在 function blocks。

参考④ 应用以 Excel 生成的指定表

Excel 软件生成 I/O 指定表（名称、地址、I/O 注解），可以使用于 CX-Programmer，如图 4 所示。

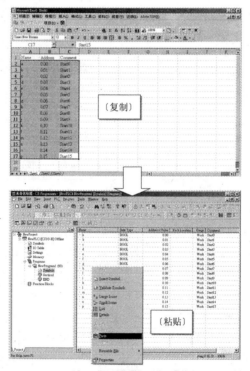

图 4

附　录

补充资料

附录 1 PLC 的连接方法

1.PC 的直接连接

以 Toolbus 或 SYSWAY(上位连接)直接连接 PLC,如图 1 所示。

图 1

2. 网络上的 PLC 连接

经由 Toolbus 或 SYSWAY(上位连接)连接的 PLC 来连接网络上的
PLC,如图 2 所示。

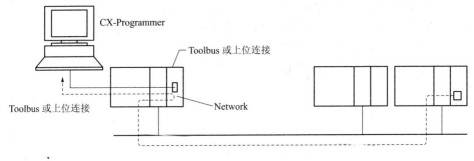

图 2

3. 经由数据机连接 PLC

使用数据机,经由电话回线连接 PLC,也可将经由数据机连接的 PLC
当作 GATEWAY 来连接网络,如图 3 所示。

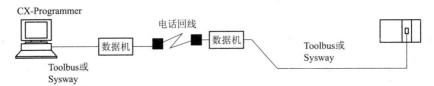

图 3

附录 ❷　PLC 和 PC 间的连接线(RS232C CABLE)

PLC 和 PC 间的连接如图 4 所示。

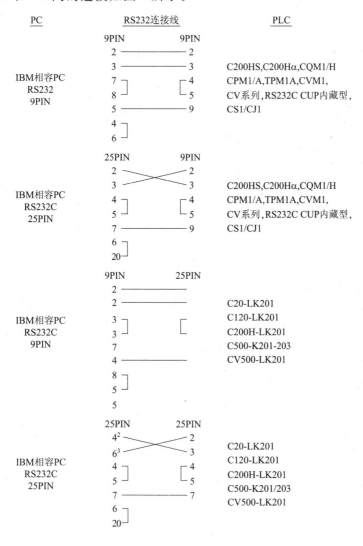

图 4

附录③　PLC 和 PC 的连接界面

连接界面如图 5 所示。

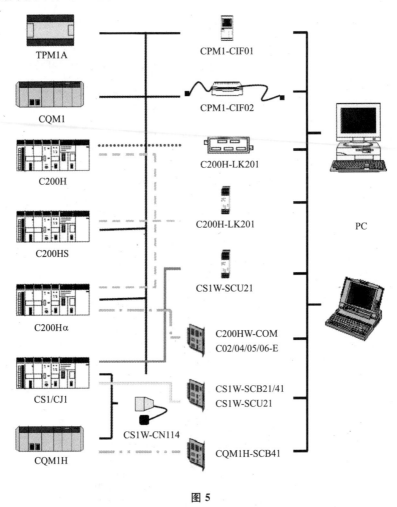

图 5

附录④　PC 与 PLC 的连接

1. 和 C 系列的连接

以 C200HS、SYSMACα、CQM1、CPM1/CPM1A、CPM2A、SRM1 时为例，见表 1。

表 1

模块/单元	PC	网络形式	型　号
CPU 模块/内建 周边设备单元	DOS/V	Toolbus 或 SYSWAY	CQM1-CIF02
	PC98		CQM1-CIF01
	PC98 笔记型 PC		CQM1-CIF01＋XW2Z-S001
CPU 模块/内建 RS232C 单元	DOS/V	SYSWAY	XW2Z-200S-CV/500S-CV
			XW2Z-200S-V/500S-V
	PC98		XW2Z-200S/500S
	PC98 笔记型 PC		XW2Z-200S/500S＋XW2Z-S001
上位连接模块/ RS232C 单元	DOS/V	SYSWAY	XW2Z-200P-V/500P-V
	PC98		XW2Z-200P-CV/500P
	PC98 笔记型 PC		XW2Z-200P/500P＋XVW2Z-S001

注:与其他 PC 的连接,请参阅 CX-Programmer 操作手册。

2. 和 CS1 系列的连接

PC 与 CS1 系列的连接见表 2。

表 2

模块/单元	PC	网络形式	型　号
CPU 模块	DOS/V	Toolbus 或 SYSWAY	CS1W-CN226/626
内建周边设备单元	PC98	Toolubs	CS1W-CN225/625
	PC98 笔记型 PC		CS1W-CN227/627
CPU 模块内建 RS232C 单元	DOS/V	Toolbus 或 SYSWAY	XW2Z-200S-CV/500S-CV
		SYSWAY	XW2Z-200S-V/500S-V
	PC98		XW2Z-200S/500S
	Toolbus 或 SYSWAY		XW2Z-200S/500S
			XW2Z-S001

续表 2

模块/单元	PC	网络形式	型　号
序列通讯卡/ 模块 RS-232C 单元	DOS/V	SYSWAY	XW2Z-200S-CV/500S-CV
			XW2Z-200S-V/500S-V
	PC98		XW2Z-200S/500S
	PC98 笔记型计算机		XW2Z-200S/500S＋XW2Z-S001

参考

以 RS232C 缆线与 CPU 的 RS232C 单元连接时，请将 PLC 机种变更的〔Network Type〕设定为（SYSWAY）。

第 2 篇

CS1梯形图基础

第 7 章

OMRON 可编程

控制器（PLC）系列

7.1　OMRON PLC 机种系列概况

OMRON PLC 机种系列概况如图 7.1 所示。

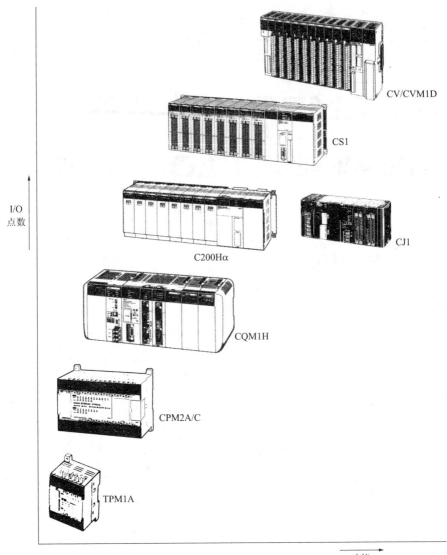

图 7.1

7.2 PLC I/O 容量及速度概况

PLC I/O 容量及速度概况见表 7.1。

表 7.1

	TPM1A	CPM2A/C	CQM1H	C200Hα	CJ1	CSI	CV/CVMID
最大输入/输出点数	100 点	160 点	512 点	1184 点	2560 点	5120 点	6144 点
程序容量（Word）	2048	4K	3.2~7.2K	63.2K	120K	10~250K	60K
执行速度（基本指令）	1.72μs ISTEP	0.64μs ISTEP	0.5~1.5μs ISTEP	0.104~0.417μs ISTEP	0.02ns ISTEP	0.04μs ISTEP	0.125μs ISTEP

注：$\mu s=10^{-6}s, ns=10^{-9}s$。

115

第 8 章

PLC的基本构成

PLC 为"Programmable Logic Controller"的缩写,意为"可编程逻辑控制器"。

8.1　PLC 的基本架构

集合所有相关的输入、输出控制及可编程逻辑控制器(PLC),可形成图 8.1所示的架构。

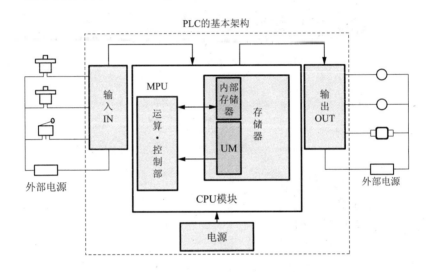

PLC的基本架构

- 输入（IN）：取得外部情报
- 输出（OUT）：输出运算结果至外部
- 存储器：存储程序及情报
- CPU（运算控制）：执行程序
- 电源：供给各部电源

图 8.1

8.1.1　输入模块(C200H-ID212)

输入模块是连接开关或感应器等控制机器、并处理内部状态的地方,如图 8.2 所示。

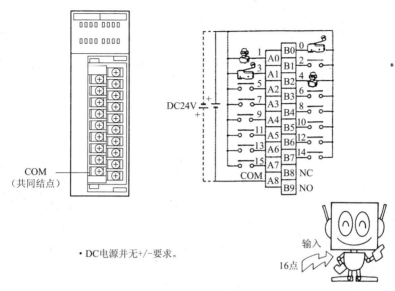

•DC电源并无+/−要求。

图 8.2

8.1.2 输出模块(C200H-0D212)

输出模块是连接指示灯或电动机等控制机器并输出处理结果的地方，如图 8.3 所示。

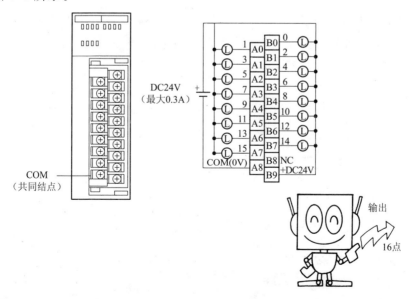

图 8.3

8.1.3 存储器

程序存储器是存储序列的地方,存储器附有地址,各地址放置指令及数据。一个地址的指令以一个字元(Word)为基本单位。

1. 内部存储器

(1) 存储 I/O Memory⋯User Program 读写各种 Relay 区、Data Memory 等在 RAM 区域内的运算及控制的结果。

(2) 参数(Parameter)区域⋯User Program 无法指定在 PLC 系统设定的收纳区域,仅可用周边工具变更(SYSMACα 不存在这种区域,在读出专用的 DM 做设定)。

2. User Memory(UM)

处理的顺序(程序),预先存储的场所内藏在 CPU 模块。但是 C200H 等旧机种,UM 模块未内含,需与 CPU 同时订购。

8.1.4 CPU

CPU 是从存储器中读出程序、解读后执行程序的地方。执行后再读出并执行下一个步骤,直到程序完成,然后重复做相同的动作。这里的读出、解读、执行一连贯作业称为周期,处理全程所需时间称为周期时间或扫描时间。

执行步骤(STEP)的流程如图 8.4 所示。

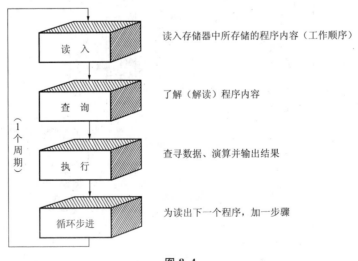

图 8.4

1. CPU 各部位名称

CSI 型 CPU 各部位名称如图 8.5 所示。

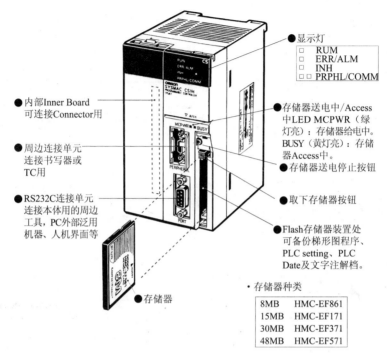

● 显示灯
　□ RUM
　□ ERR/ALM
　□ INH
　□□ PRPHL/COMM

● 内部Inner Board 可连接Connector用

● 周边连接单元 连接书写器或 TC用

● RS232C连接单元 连接本体用的周边 工具，PC外部泛用 机器、人机界面等

● 存储器

● 存储器送电中/Access 中LED MCPWR（绿 灯亮）：存储器给电中。 BUSY（黄灯亮）：存储 器Access中。

● 存储器送电停止按钮

● 取下存储器按钮

● Flash存储器装置处 可备份梯形图程序、 PLC setting、PLC Date及文字注解档。

・存储器种类

8MB	HMC-EF861
15MB	HMC-EF171
30MB	HMC-EF371
48MB	HMC-EF571

图 8.5

2. CPU 模块

CPU 模块一览表见表 8.1。

表 8.1

CPU 型号	I/O 控制点数	程序容量	数据存储器容量	LD指令处理速度	内建单元
CS1H-CPU67-EV1	5,120 点 (7 层扩充)	250K steps	448K words	0.04μs	① 周边单元 ② RS232C
CS1H-CPU66-EV1		120K steps	256K words		
CS1H-CPU65-EV1		60K steps	128K words		
CS1H-CPU64-EV1		30K steps	64K words		
CS1H-CPU63-EV1		20K steps	32K words		

续表 8.1

CPU 型号	I/O 控制点数	程序容量	数据存储器容量	LD 指令处理速度	内建单元
CSIG-CPU45-EV1	5,120 点 （7 层扩充）	60K steps	128K words		
CSIG-CPU44-EV1	1,280 点 （3 层扩充）	30K steps	64K words	0.08μs	
CSIG-CPU43-EV1	960 点 （2 层扩充）	20K steps	32K words		
CSIG-CPU42-EV1		10K steps	32K words		

8.2　程序输入方式

1. 利用程序书写器

PLC 与书写器的连接如图 8.6 所示。

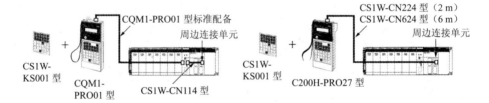

图 8.6

2. 利用 PC

- 使用梯形图编辑软件 CX-P(CX-Programmer)。
- CX-P 为在 Windows 作业系统下的软件。

PLC 与 PC 的连接如图 8.7 所示。

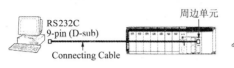

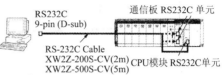

· 周边单元连接线

Cable	长度	PC连接单元
CS1W-CN226	2.0m	D-sub,9-pin
CS1W-CN626	6.0m	D-sub,9-pin

· RS232C 连接线

Mode	Cable	长度	PC连接单元
Host Link	XW2Z-200S-CV	2.0m	D-sub,9-pin
	XW2Z-500S-CV	5.0m	

图 8.7

8.3　关于实习器材

8.3.1　SYSMAC 本体和模拟机组

SYSMAC CS1 如图 8.8 所示,其 I/O 通道分配见表 8.2。

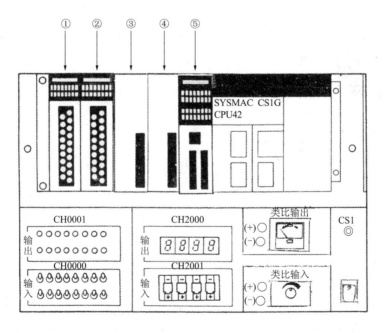

图 8.8

表 8. 2

序　号	规　格	型　号	高功能模块机	占有 CH
①	16 点 DC 输入	ID212		0000
②	16 点 DC 输出	CD212		0001
③	空			
④	空			
⑤	32 点 DC 输入/输出	MD215	0	2000～2009

8.3.2　32 点多点 I/O 模块(MD215)的设定

32 点多点 I/O 模块(MD215)的设定如图 8.9 所示。

- 设定机号 NO

图 8.9

8.4　CS1 通道(Channel)分配

8.4.1　CS1 编码

PLC 内部存储器继电器号码及通道号码的编码,如图 8.10 所示。

图 8.10

8.4.2 各模块的 CH 分配

PLC 的 I/O 模块构成有下列 3 种,每一种对应的 CH 分配各不相同。

1. 基本 I/O 模块

C200H 输入/输出模块(ID212、OD212 等 16 点)及 C200H Group 2(第 2 群组)多点输入/输出模块(ID217、OD218 等 32～64 点),依底板模块的槽位位置决定 CH 号码。但是,SYSMACα 的场合,C200H Group 2 多点输入/输出模块在模块上之 I/O NO. 设定 SWITCH 决定 CH 号码。

说明:CH 号码=30+(I/O NO.)2

2. 高功能 I/O 模块

AD、NC、TC、CompoBus/D、S 等属高功能 I/O 模块,用号机 NO. 设定 SWITCH 决定占用的 CH 号码。高功能 I/O 模块间和号 NO. 重复时会产生错误。

CS1:2000～2959CH;

SYSMAC α:100～199CH。

3. CPU 高功能模块

CS1 系列的通信功能使用模块有 ETN(Ethernet)、CLK、SCU(Serial Communication Unit)3 种。

高功能 I/O 模块同样由号机 NO. 设定 SWITCH 决定占用的 CH 号码;由于占用的 CH 有差异,故高功能 I/O 模块有可能和号机 NO. 重复。

CS1:1500～1899CH。

8.4.3 CH 分配实例

1. CS1 系列(Free Channel)

(1) CH 号码从左至右,由 0000CH 开始,按模块上占有 CH 数目以 CH 单位做分配,有空槽位时,此槽位请以空的模块填塞,见图 8.11 中的⑥。

(2) 多点输入/输出模块(Group 2),前面 I/O NO. 不看装置位置,按追加号码分配。

(3) 高功能 I/O 模块有 2000 号台可分配。

① 输入 16点 ID212	② 输出 16点 OD212	③ 输入 64点 7号机 ID217	④ 输出 32点 9号机 OD2182	⑤ 输入 16点 ID212	⑥ 空槽	⑦ 输出 16点 OD212	⑧ 高功能 5号机 AD001	CPU	电源

图 8.11

2. SYSMAC α(固定通道)

(1) CH 号码是由底板上的槽位位置固定的,基本输入/输出模块从左至右,由 000CH 开始按顺序分配。与 CS1 不同处,空的槽位也要分配 1CH。

(2) 多点输入/输出模块(Group 2)及高功能 I/O 模块按各自的 I/O NO. 及号 NO. 对应分配。图 8.12 中的③ 2CH、④ 3CH、⑥ 5CH、⑧ 7CH 的各通道并未使用到底板 CH 号码,因此可以作为内部辅助 Relay 使用。

① 输入 16点 ID212	② 输出 16点 OD212	③ 输入 64点 7号机 ID217	④ 输出 32点 9号机 OD 2182	⑤ 输入 16点 ID212	⑥ 空槽	⑦ 输出 16 OD212	⑧ 高功能 5号机 AD001	CPU	电源

图 8.12

8.4.4 I/O 存储器区的种类

1. CIO

CIO 是指定先头地方没有用英文字记号的区域的地址。

2. I/O Relay

I/O Relay 是基本 I/O 模块直接和外部机器做连接的区域。

3. 内部辅助 Relay

内部辅助 Relay 只有在程序上可使用的区域。但是高功能 I/O 模块

Relay、CompoBus/D Relay、传送 I/O Relay 等未分配使用的区域可作为内部辅助 Relay 使用。

4. Data Link Relay

Data Link Relay 是 CS1 将 α 系列的 LR 区域取代作为数据连接使用。

5. 暂时存储 Relay

回路的分歧点 ON/OFF 的状态,暂时记忆 Relay 只能做辅助存储使用。CS1 是 16 点,SYSMAC α 是 8 点。

6. 特殊辅助 Relay

特殊辅助 Relay 是作为错误标志,重开(Restart)标志使用。

SYSMAC α 是用辅助存储 Relay(AR)的名称。

7. 计时/计数

CS1 的计时/计数是独立地在同一号码内指定,但 SYSMAC α 在同一号码内共同使用会产生"Coll 双重使用"错误。

8. Data Memory(DM)

Data Memory 是 16 bit 单位,作为读/写的存储区。但不可作为字节指定指令(LD、AND、OR、OUT 等)使用。断电时可保存数据。

CS1:全区域及程序读/写皆可。

SYSMAC α:有程序读/写区及只能读的区域两种。

9. 扩充 Data Memory(EM)

作为 DM 大容量,数据的使用存储区。

SYSMAC α 一般的指令(MOV 等)因为无法直接处理,所以准备 EM 专用指令(EMBC、IEMS 等)。

＊ CS1 用一般的指令即可处理。

10. 内部辅助 Replay(WR)

CS1 设计专用的记忆区,仅在程序上可使用,这个 Relay 作为将来机种升级时,特定的功能使用时此〔内部辅助 Relay〕会优先使用。

11. 状态标志 Condition Flags 特殊标志

常时 ON Relay,一次 SOAN ON Relay,时钟脉冲及比较结果的大小标志等。

α 系列是用特殊辅助 Relay(SR)，如 25313 等。

8.5 I/O 存储器区的构成

（1）SC1 的 I/O 存储器区的构成见表 8.3。

（2）SYSMACα 的 I/O 存储器区的构成见表 8.4。

表 8.3

名 称
CIO
I/O Relay 0000～0319CH
高功能 I/O 模块 Relay 2000～2959CH
CompoBus/D Relay C200HW-DRM 使用时 0050～0099CH 0350～0399CH CS1W～DRM 使用时 3200～3799CH
传送 I/ORelay 等 3100～3131CH
内部补助 Relay 1200～1499CH
Data Link Relay 1000～1199CH
暂时存储 Relay(TR)(16 点) TR00～TR15
保持 Relay(HR) H000～H511CH
特殊辅助 Relay(AR) A000～A959CH
定时器(TIM) T0000～T4095
计数器(CNT) C0000～C4095
Data Memory(DM) D00000～D32767
扩充 Data Memory(EM) E00000～E32767
内部辅助 Relay(WR) W000～W511CH
状态标志 Condition flag

表 8.4

名 称		
CIO	I/O Relay 00～309CH 300～309CH	
	高功能 I/O 模块 Relay 100～199CH 400～459CH	
	CompoBus/D Relay 050～099CH 350～399CH	
	传送 I/ORelay 等 200～231CH	
	内部补助 Relay 310～329CH 342～349CH 460～511CH	
	特殊补助 Relay 232～299CH	
暂时存储 Relay(TR)(8 点) TR0～TR7		
保持 Relay(HR) H00～H99CH		
辅助存储 Relay(AR) A00～A27CH		
Link Relay(LR) L00～L63CH		
定时器/计数器(TIM/CNT) TIM000～TIM511 CNT000～CNT511		
Data Memory (DM)	R/W 可 DM0000～DM6143	
	仅可 R DM0000～DM6143	
扩充 Data Memory(EM) EM0000～EM6143		

8.6 系统构成

8.6.1 系统构成实例

系统构成实例如图 8.13 所示。

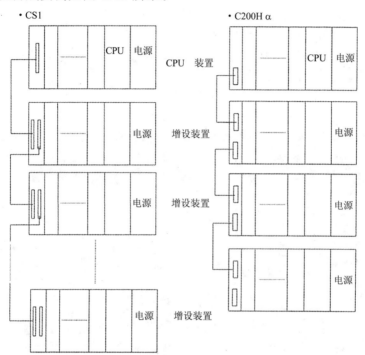

图 8.13

8.6.2 CPU 装置及增设装置

1. CPU 装置

CPU 底板上装置有 CPU,电源,基本 I/O 模块等。

2. 增设装置

增设底板上装置有电源,基本 I/O 模块等(CPU 模块没有装置在这里)。

3. 增设台数

CS1 可增设 7 台,合计 80 个 Slot。

SYSMAC α 可增设 3 台,合计 40 个 Slot。

129

第 9 章

CX-P软件简易操作

9.1　CX-P 操作流程

CX-P 操作流程如图 9.1 所示。

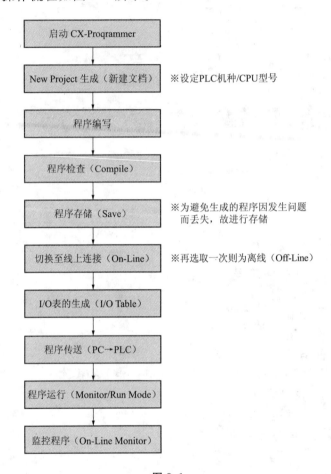

图 9.1

9.2 初始设定

1. CX-Programmer 的启动

启动〔程序集〕|〔Omron〕|〔CX-Programmer〕|〔CX-Programmer〕,即显示 CX-Programmer 的主视窗。

2. New Project(新建文档)

PLC 机种/CPU 型号的设定如图 9.2 所示,选择 ☐ 。

(1)〔Device Name〕中输入 PLC 机种(New PLC1)。

(2)〔Settings〕中选择使用的(CPU64),单击 确定 。

单击【Network Type】的 ▼ ,选择 PC 及 PLC 的连接方法（Toolbus 或 SYSWAY）。

(3)〔Comment 注解〕(可省略)。

设定结束后,单击 确定 ,即显示梯形图视窗。

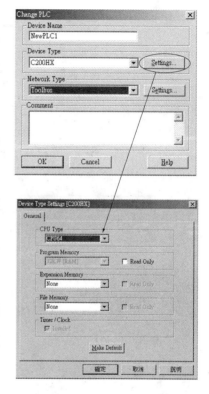

图 9.2

9.3 程序编写

9.3.1 a 结点的输入 ⊣⊢

(1) 单击 ⊣⊢ 工具。

(2) 在要输入结点的位置上单击,出现【New Contact】对话方框,如图 9.3所示。

(3) 输入 Address 数据(0.00)按下 OK 键,则 a 结点的输入就完成了。

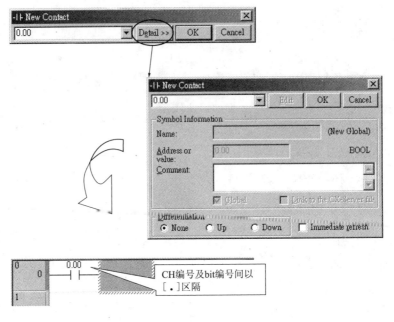

图 9.3

9.3.2　b 结点的输入

（1）单击 工具。

（2）在要输入结点的位置上单击，出现【New Contact】对话框。

（3）输入 Address 数据（0.01），按下 OK 键，则 b 结点的输入就完成了，如图 9.4 所示。

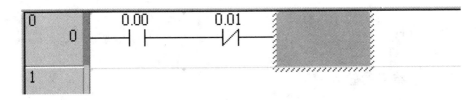

图 9.4

参考

a、b 结点的切换点：

将鼠标移至结点，以 键切换 a 结点↔b 结点、输出点↔反相输出。

9.3.3　结点/指令的删除

（1）将鼠标移至指令，按下 Del 键。

（2）将鼠标移至指令，选择〔Edit〕→〔Delete〕。

（3）将鼠标移至指令的右侧，按下 Backspace 键。

9.3.4　横线的输入─

单击 ─，如图 9.5 所示。

• 横线的删除：以删除指令同样的操作方法来进行删除。

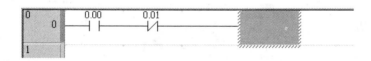

图 9.5

9.3.5　输出结点的输入

（1）单击 工具。

（2）在要输入结点的位置上单击，出现〔New Coil〕对话块。

（3）输入 Address 数据（1.00），单击 OK 键，即完成了对输出结点的输入，如图 9.6 所示。

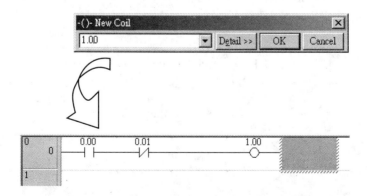

图 9.6

135

9.3.6　OR 回路的输入

(1) 鼠标于(1.00)后方按下〔Enter〕键,回路 0 即多出一行,如图 9.7 所示。

(2) 单击 工具。

(3) 在地址(0.00)下方单击,出现【New Contact OR】对话框,如图 9.8 所示,输入并联结点(1.00),如图 9.9 所示。

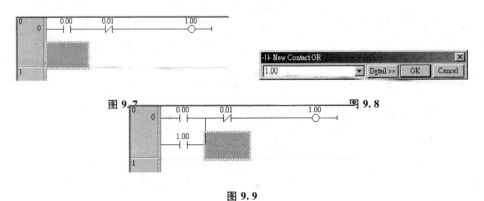

图 9.7　　　　　　　　　　　　　　　　图 9.8

图 9.9

注意:编写 OR 回路时,必须编写在同一路区段中。

9.3.7　TIM/CNT/应用指令的输入

(1) 先输入纵线以连接应用指令。

(2) 单击 工具。

(3) 在要输入指令处单击,出现〔New Lnstruction〕对话方框,输入(TIM 0000 ♯100),如图 9.10 所示。

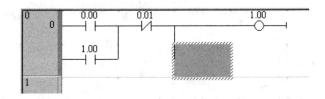

图 9.10

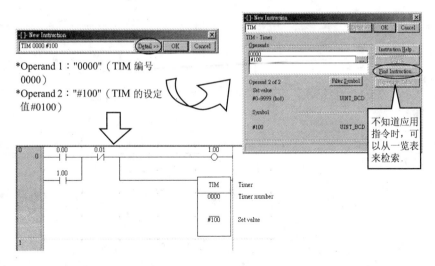

*Operand 1："0000"（TIM 编号 0000）

*Operand 2："#100"（TIM 的设定值#0100）

不知道应用指令时，可以从一览表来检索.

续图 9.10

9.3.8 快捷键一览表

快捷键一览表见表 9.1。

表 9.1

操　　作	符　　号	按　　键
a 结点	┤├	【C】
b 结点	┤/├	【/】
并联 a 结点	┤├	【W】
并联 b 结点	┤├	【X】
垂直线（向下/向上）	│	【V】/【U】
平行线	─	【H】或【─】
输出	○	【O】
否定输出	∅	【Q】
应用指令	目	【I】
呼叫 FB 指令	目	【F】
输入 FB 参数	干	【P】或【Enter】
连线线段	└	直接以鼠标拖拉
删除连接线段	└×	直接以鼠标拖拉
行插入（Insert Row）		【Ctrl】+【Alt】+【↓】

137

续表 9.1

操作	符号	按键
列插入(Insert Rung Column)		【Ctrl】+【Alt】+【↑】
行删除(Delete Row)		【Ctrl】+【Alt】+【→】
列删除(Delete Rung Column)		【Ctrl】+【Alt】+【←】
插入上方回路(Ring/Insert Above)		【Shift】+【R】
插入下方回路(Rung/Insert Below)		【R】

9.4　程序检查

检查程序是否正确输入,并将结果显示在〔Output window〕。

＊未显示 Output 视窗时,请选取〔View〕→〔Windows〕→〔Output〕。

(1) 打开 Output window。

(2) 选择〔Program〕→〔Compile〕(⊜)

(3) 程序无错误时,如图 9.11 所示。

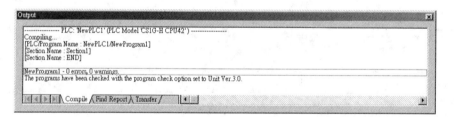

图 9.11

(4) 程序有错误时,会显示错误一览表,请修改。如图 9.12 所示。

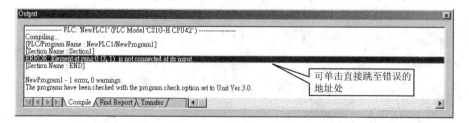

图 9.12

9.5 存储文档

执行存储的操作,会存储 Project 整体,如图 9.13 所示。

(1) 单击 ■。

(2) 指定〔存储位置〕:桌面\新增文件夹(请于桌面新增今天日期的文件夹名称)。

(3) 设定〔文档名称〕:Program1(自行设定)。

(4) 确认〔存档类型〕:*.cxp(预设值)。

(5) 按下〔存储〕即可。

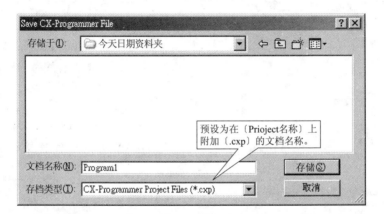

Program1.cxp
CX-Programmer Project
3KB

〔*.cxp〕文档为存储后产生的文档

Program1.opt
OPT 文档
5KB

〔*.opt〕文档为自动产生的文档,通常会伴随着〔*.cxp〕产生相同文档名的〔*.opt〕,主要为存放视窗书面情报、Watch视窗等的情报

Program1.bak
BAK 文档
3KB

〔*.bak〕文档为备份〔*.cxp〕的旧文档,会重新存储〔*.cxp〕时,旧的〔*.cxp〕就会存储在〔*.bak〕,以便不时之需

图 9.13

139

9.6 在线(On-Line)/离线(Off-Line)的操作

PLC 及 PC 间的在线通信状态称为在线(On-Line)。

注意

① 请确认 PC 及 PLC 是否正确连接,或 PLC 的电源是否打开。

② 请确认不会对设备造成影响的情形下,切换 PLC 的动作模式。

9.6.1 PLC 及 PC 的连接

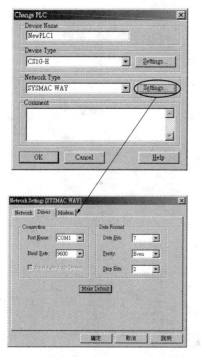

PLC 及 PC 的连接方式设置如图 9.14 所示,各选项的意义见表 9.2。

（1）双击〔Project〕树状的〔PLC 名称〕。

（2）在〔Network Type〕选择连接方法(Toolbus 或 SYSWAY)。

* Toolbus 为周边连接单元设定。

* SYSWAY 为 RS232 连接线设计。

（3）单击〔Network Type〕的〔Settings〕,显示〔Network Setting〕对话框。

（4）单击[Driver]选项卡,执行右方的设定。

* 若 PC 端使用 USB 连线需注意 Prot Name 设计。

（5）单击 OK 按键即可。

图 9.14

表 9.2

选 项	意 义
Port Name	选择和 PLC 连接的 PC 的 COM port 编号
Baud Rate	设定通信速度
Baud Rate Auto-Detect	只有 CS1 系列在〔Toolbus〕连接时才有效的功能
Data Format	只设定为〔SYSWAY〕连接时

9.6.2　PLC 模式的切换

PLC 模式的切换见表 9.3。

表 9.3

动作模式	选　号
Program Mode(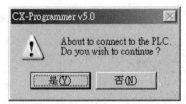)	〔PLC〕/〔Operating Mode〕/〔Program〕
Monitor Mode( )	〔PLC〕/〔Operating Mode〕/〔Monitor〕
Run Mode( )	〔PLC〕/〔Operating Mode〕/〔Run〕

* 进行程序传输 PLC 模式必须为〔Program Mode〕。
* 执行程序时,PLC 模式须设定于〔Monitor Mode〕或〔Run Mode〕。
* 进行在线编辑(On-Line Edit)动作时,PLC 模式须为〔Monitor Mode〕。

9.6.3　PLC 在线/离线

PLC 在线/离线如图 9.15 所示。

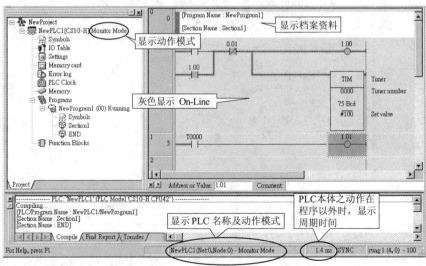

图 9.15

方法 1：单击选择 ⬚，进行一般连线（On-Line）。

方法 2：单击选择 ⬚，进行自动连线（Auto On-Line）——自动搜寻 PLC 的各项设定 TYPE 并完成连线。

9.7　I/O 表的编辑

PLC 状态见表 9.4。

表 9.4

Program	Monitor	Run
○	×	×

登录 PLC 实际装配的模块种类及装配位置，以 I/O 表形式写入 PLC，如图 9.16 所示。

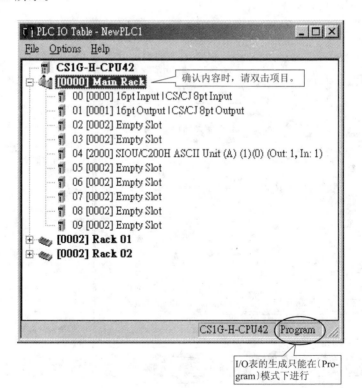

图 9.16

（1）选择〔PLC〕→〔Edit〕→〔I/O Table〕（双击〔Project〕树状的〔I/O Table〕），会显示 I/O 表视察，即 CX-Programmer 上的 I/O 表。

（2）选择〔Options〕→〔Create〕，将实际装配的模块种类及装配位置，以登录 I/O 表的方式写入 PLC。

（3）关闭 I/O 表（ X ）：选择〔File〕→〔Close〕。

9.8　程序传送

PLC 状态参见表 9.5。

表 9.5

Program	Monitor	Run
○	×	×

传送程序至 PLC，以执行程序监视、除错等功能。

注意

 确认已连线、或 PLC 的动作模式为〔Program〕。

9.8.1　PC→PLC(下载程序至 PLC)

（1）选择〔PLC〕→〔Transfer〕→〔to PLC〕。

（2）如图 9.17 所示，选择传送项目，单击 OK 按钮。

> ＊ 可以传送的项目会因为 PC 的机种
> 不同而不同，其项目会自动显示

（3）如图 9.18 所示，单击 是 。

图 9.17

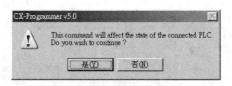

图 9.18

143

（4）如图 9.19 所示，单击 $\boxed{\text{OK}}$ 按钮。

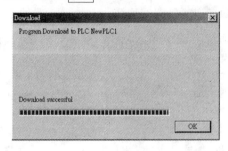

图 9.19

9.8.2　PLC→PC(从 PLC 下载程序)

（1）选择〔PLC〕→〔Transfer〕→〔From PLC〕。

（2）选择传送项目，单击 $\boxed{\text{OK}}$。

（3）会显示信息，请单击 $\boxed{\text{是}}$。

（4）结束传送后，单击 $\boxed{\text{OK}}$。

9.9　程序运行/监控程序

PLC 状态参见表 9.6。

表 9.6

Program	Monitor	Run
×	○	○

9.9.1　PLC 的运行(　)

（1）选择〔PLC〕→〔Operating Mode〕→〔Monitor〕，如图 9.20 所示。

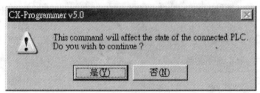

图 9.20

（2）点击 是，PLC 的动作模式会变成〔Monitor〕，且 PLC 开始运行程序。

9.9.2 在线监控( )

（1）将梯形程序的执行导通状况显示在画面上，进行监控。

参考

> 在线监控功能只要在连线后，即自动启动，再次按下即可解除。

（2）选择〔PLC〕→〔Monitor〕→〔Monitoring〕，如图 9.21 所示。

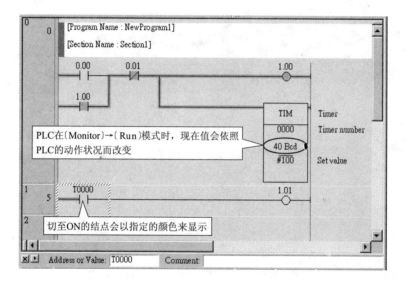

图 9.21

（3）解除在线监控 。

第 10 章

程序编写

10.1　基本指令

结点符号说明如图 10.1 所示。

┤├ : a 结点输入形态 　　─○─ : 正相输出形态
　　　(N.O常闭)

┤/├ : b 结点输入形态 　　─∅─ : 反相输出形态
　　　(N.C常闭)

┤├ : 并联 a 结点 　　⊟ : 应用指令输入
　　　　　　　　　　　　　(END、TIM、
　　　　　　　　　　　　　CNT…)

┤/├ : 并联 b 结点 　　└─ ✕ : 以鼠标指针拖
　　　　　　　　　　　　　拉/删除横线

准备编写程序

图 10.1

10.1.1　LD(Load)结点载入

LD(Load)结点载入如图 10.2 所示。

· 梯形图 ·

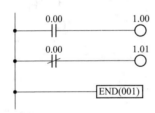

· 程序编码

回路	地址	指令	数据
0	0	LD	000
	1	OUT	1.00
1	2	LDNOT	0.01
	3	OUT	1.01
2	4	END(001)	—

* a 结点载入:LD 指令。

* b 结点载入:使用 LDNOT 指令。

* LD:逻辑运算最初时使用 LD 指令。

* OUT:继电器线圈输出时使用 OUT 指令。

* END:程序至最后时使用 END 指令。

* AND:串联结点时的指令

· 时序图 ·

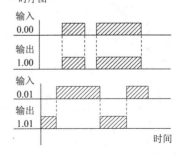

图 10.2

10.1.2　AND——串联结点时的指令

AND——串联结点时的指令如图 10.3 所示。

· 梯形图 ·

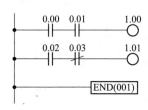

※串联 a 结点：使用AND指令。

※串联 b 结点：使用ANDNOT指令。

· 真值表（逻辑运算）

0.00	0.01	1.00
0	0	0
0	1	0
1	0	0
1	1	1

· 🖳 程序编码

回　路	地　址	指　令	数　据
0	0	LD	0.00
	1	AND	0.01
	2	OUT	1.00
1	3	LD	0.02
	4	ANDNOT	0.03
	5	OUT	1.01
2	6	END(001)	—

· 时序图 ·

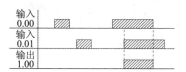

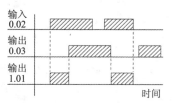

图 10.3

范例

AND 回路应用

例如：冲压机加工时为避免危险，若不同时按下两边开关就不动作的回路。

10.1.3　OR——并联结点时的指令

OR——并联结点时的指令如图 10.4 所示。

·梯形图·

※务必编
辑于同
一回路
编号

0.00　　　1.00

0.01

※务必编
辑于同
一回路
编号

0.02　　　1.01

0.03

END(001)

※并联 a 结点：使用OR指令。

※并联 b 结点：使用ORNOT指令。

·真值表（逻辑运算）

0.00	0.01	1.00
0	0	0
0	1	0
1	0	0
1	1	1

· 程序编码

回　路	地　址	指　令	数　据
0	0	LD	0.00
	1	OR	0.01
	2	OUT	1.00
1	3	LD	0.02
	4	ORNOT	0.03
	5	OUT	1.01
2	6	END(001)	—

·时序图·

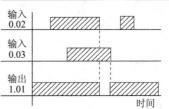

输入
0.00

输入
0.01

输出
1.00

输入
0.02

输入
0.03

输出
1.01

时间

图 10.4

范例

OR 回路应用

例如：公车的下车铃，按下任何一 ON 即输出的回路。

参考

AND LD 串联回路时的指令如图 10.5 所示。

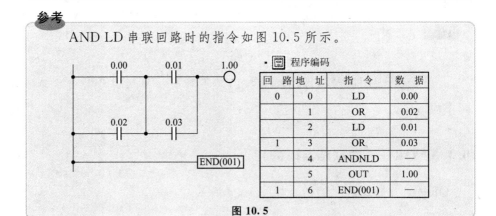

0.00　　0.01　　1.00

0.02　　0.03

END(001)

· 程序编码

回　路	地　址	指　令	数　据
0	0	LD	0.00
	1	OR	0.02
	2	LD	0.01
1	3	OR	0.03
	4	ANDNLD	—
	5	OUT	1.00
1	6	END(001)	—

图 10.5

10.1.4 思考方式

1. AND LD

梯形图如图 10.6 所示,逻辑①与逻辑②,归纳为全回路③的状态。

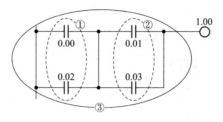

图 10.6

参考

OR LD 并联回路时的指令如图 10.7 所示。

AND LD 串联回路时的指令

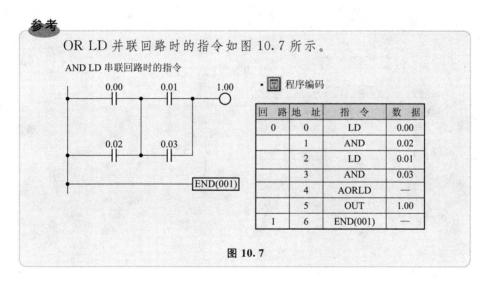

· 🖥 程序编码

回 路	地 址	指 令	数 据
0	0	LD	0.00
	1	AND	0.02
	2	LD	0.01
	3	AND	0.03
	4	AORLD	—
	5	OUT	1.00
1	6	END(001)	—

图 10.7

2. OR LD

梯形图如图 10.8 所示,逻辑①与逻辑②,归纳为全回路③的状态。

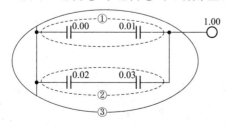

图 10.8

练习

　　试由时序图完成梯形图程序,并进行连线操作。

- 练习 1:完成如图 10.9 所示。

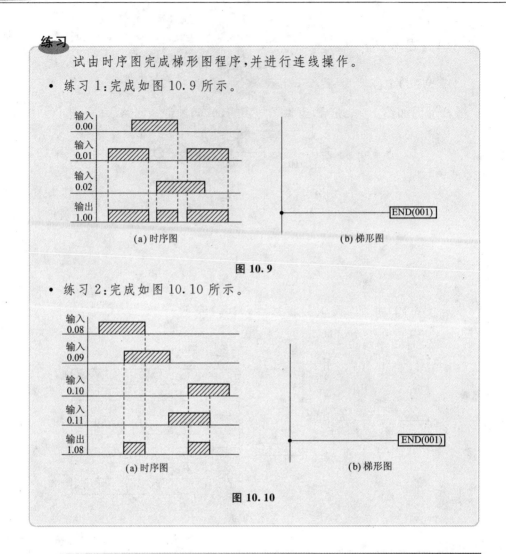

(a) 时序图　　　　　　　(b) 梯形图

图 10.9

- 练习 2:完成如图 10.10 所示。

(a) 时序图　　　　　　　(b) 梯形图

图 10.10

10.2　自保持回路

自保持回路如图 10.11 所示。

当按钮(0.00)按下(ON)后再次放开时(OFF),使输出继电器(1.00)本身结点接通,此输出继电器因本身结点接通,致使此继电器持续作用,此回路称为自保持回路

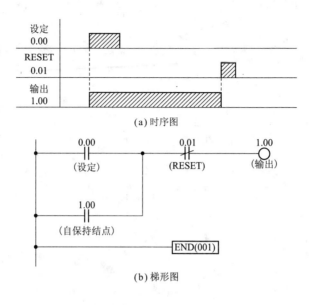

(a) 时序图

(b) 梯形图

图 10.11

10.3 自保持指令 KEEP(011)

自保持指令与自保持回路具有相同的输出结果，如图 10.12 所示。

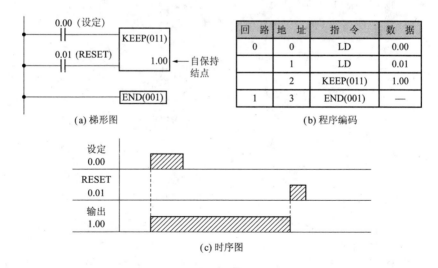

(a) 梯形图

回 路	地 址	指 令	数 据
0	0	LD	0.00
	1	LD	0.01
	2	KEEP(011)	1.00
1	3	END(001)	—

(b) 程序编码

(c) 时序图

图 10.12

153

范例

　　如图 10.13 所示,一旦按下指定的楼层,即使手指离开按键,电梯也会继续往上,这就是使用自保持回路的例子。

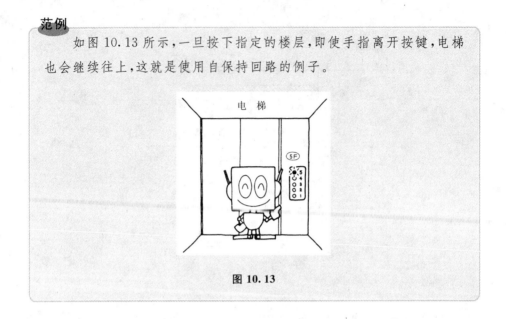

图 10.13

10.4　内部辅助继电器 Work Relay(WR) W000～W511CH

　　内部辅助继电器是用在编写程序时的辅助结点,并不需要将结果输出至外部时使用,还可节省程序中的输入结点,如图 10.14 所示。

- 内部辅助继电器区域:W0.00～W511.15

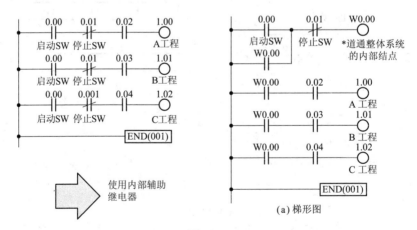

图 10.14

回路	位址	指令	资料
0	0	LD	0.00
	1	OR	W0.00
	2	ANDNOT	0.01
	3	OUT	W0.00
1	4	LD	W0.00
	5	AND	0.02
	6	OUT	1.00
2	7	LD	W0.00
	8	AND	0.03
	9	OUT	1.01
4	10	LD	W0.00
	11	AND	0.04
	12	OUT	1.02
5	13	END (001)	—

(b) 程序编码

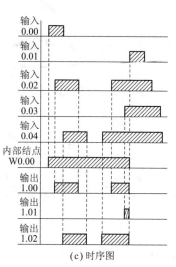

(c) 时序图

续图 **10.14**

10.5　保持继电器 Holding Relay(HR) H000～H511CH

保持继电器会在电源断电时保存结点在断电前的 ON/OFF 状态,待电源复电后继续动作。如图 10.15 所示。

- 保持继电器区域:H0.00～H511.15

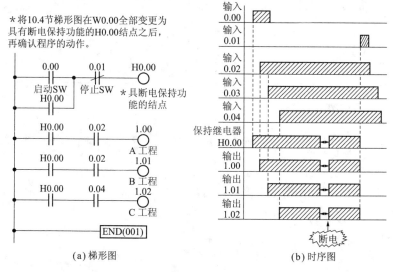

(a) 梯形图

(b) 时序图

图 **10.15**

155

10.6　状态标志（Condition flag）

内部继电器中有些具有特定的功能，以状态标志（Condition flag）表示，并详列于[Symbols]整体符号表。

表 10.1 介绍几个常用的状态标志。

表 10.1

状态标志	名　称	功能与使用方法
P_ON	常时 ON	常时为 ON 状态的继电器，即使常常要事先输出的线圈（如显示动作中的指示灯）也不能直接从母线连接线圈，此时应当作空白的使用
P_0_02_s	00.2s 脉冲	每 0.01s 进行 ON/OFF 的动作
P_0_1s	0.1s 脉冲	每 0.05s 进行 ON/OFF 的动作
P_0_2s	0.2s 脉冲	每 0.1s 进行 ON/OFF 的动作
P_1s	1s 脉冲	每 0.5s 进行 ON/OFF 的动作
P_1min	1min 脉冲	每 30s 进行 On/Off 的动作

注：Symbols 整体符号表之说明请见第 14 章后的参考数据。

10.7　定时器回路 Timer（T0000～T4095）

定时器为 BCD 减算型定时器，若导通条件为 ON 时，定时器则会启动计时动作；若导通条件为 OFF 时，定时器将被 RESET。

（1）定时器回路 1 如图 10.16 所示。

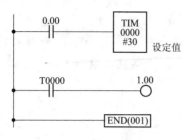

回　路	地　址	指　令	数　据
0	0	LD	0.00
	1	TIM	0000
			#30
1	2	LD	T0000
	3	OUT	1.00
2	4	END(001)	—

（b）程序编码

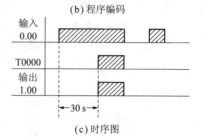

· 计时器编号：T0000～T4095。

· 设定秒数以0.1s为单位。

· 设定值在#000.0～999.9 s(BCD)。

（a）梯形图　　　　　　　　　　　（c）时序图

图 10.16

（2）定时器回路 2：以外部（2001CH）设定定时器设定值，如图 10.17 所示。

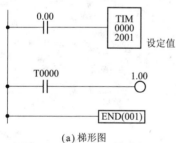

回　路	位　址	指　令	资　料
0	0	LD	0.00
	1	TIM	0000
			2001
1	2	LD	T0000
	3	OUT	1.00
2	4	END(001)	—

（a）梯形图　　　　　　　　　　　（b）程序编码

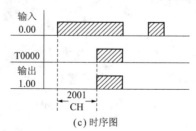

（c）时序图

图 10.17

习题 1

（1）动作概要：按下启动开关（0.00）后输送带（1.00）开始运行，3s
后涂装机（1.01）开始动作；当产品通过出口感应器（0.01）时，输送带
及涂装机即停止动作，如图 10.18 所示。

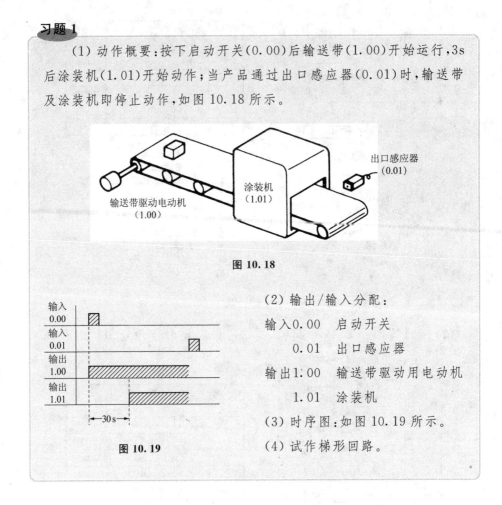

图 10.18

（2）输出/输入分配：

输入 0.00　启动开关

　　　0.01　出口感应器

输出 1:00　输送带驱动用电动机

　　　1.01　涂装机

（3）时序图：如图 10.19 所示。

图 10.19

（4）试作梯形回路。

10.8　计数器回路 Counter（C0000～C4095）

计数器为 BCD 减算型，并具有断电保持功能。当计数器输入条件为
ON 时，计数值则进行计数；因计数器具有断电保持功能，即使计数中断，也
会保持断电前的计数值，因此只有 RESET 输入条件为 ON 时，计数值才会
被 RESET。

（1）计数器回路如图 10.20 所示。

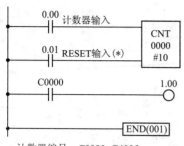

· 计数器编号：C0000～C4095。

· 设定值从0000～9999次(BCD)。

(a) 梯形图

回 路	地 址	指 令	数 据
0	0	LD	0.00
	1	LD	0.01
	2	CNT	0000
			#10
1	3	LD	C0000
	4	OUT	1.00
2	5	END(001)	—

(b) 程序编码

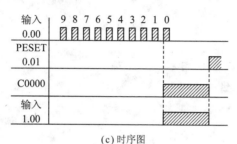

(c) 时序图

图 10.20

（2）计数器特性：即使计数器在计数的中途断电，也会保持断电前的计数值，如图 10.21 所示。

＊状态标志（P_First_Cycle）的应用
由于计数器的RESET输入条件为手动，请试着并联（P_First_Cycle）标志于RESET条件上，计数器会在PLC连线时自动RESET。

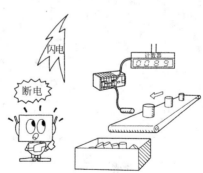

图 10.21

习题 2

（1）动作概要：按下启动开关（0.00）后输送带（1.00）开始运行；按下紧急停止开关（0.01）时将停止回路。当瓶子通过感应器 SE1（0.11）时，即自动计数瓶子的数量，当计数值达到 5 个时输送带停止下

159

来,并且指示灯(1.02)持续亮灯 5s,如图 10.22 所示。

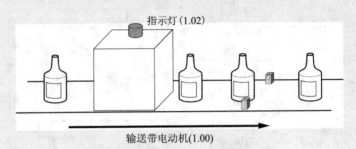

图 10.22

(2) 输出入分配:

输入 0.00　启动开关

　　　0.01　紧急停止开关

　　　0.11　感应器 SE1

输出 1.00　输送带电动机

　　　1.02　指示灯

(3) 试完成图 10.23 所示的梯形图回路。

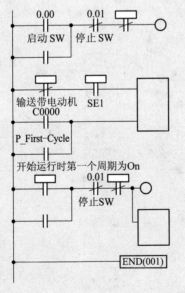

按下启动开关输送带开始运转
按下停止开关即停止

输送带启动后,当瓶子通过感应器
SE1,即会计数瓶子数量

当瓶子数达到5个时,输送带将停止
下来。接着指示灯将持续亮灯5s

图 10.23

第 11 章

周期时间

（CYCLE TIME）

◂◂◂◂◂◂◂◂◂◂

11.1　周期时间(CYCLE TIME)

Cycle Time 即"PLC 的运行",如图 11.1 所示,由共通处理开始到 Tool Service 止的一连串处理,循环重复执行。此一连串处理所要的时间就叫 Cycle Time。

11.2　周期时间的确认(模式)——监视或运行

On-Line 后,软件视窗右卜角即显示 Scan Time。

11.3　PLC 动作 Follow 及周期时间

PLC 动作 Follow 及周期时间见图 11.1。

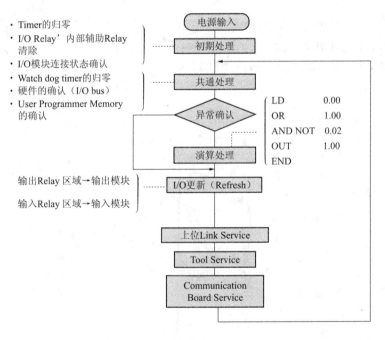

图 11.1

第12章

应用指令

12.1　DIFU 上微分指令和 DIFD 下微分指令

DIFU(013)上微分指令(Differentiate UP)和 DIFD(014)下微分指令 (Differentiate Down)如图 12.1 所示。

(1) DIFU 上微分指令:当输入信号为 OFF→ON,指定的输出结点即导通,为 ON(1-Cycle)。

(2) DIFD 下微分指令:当输入信号为 ON→OFF,指定的输出结点即导通,为 ON(1-Cycle)。

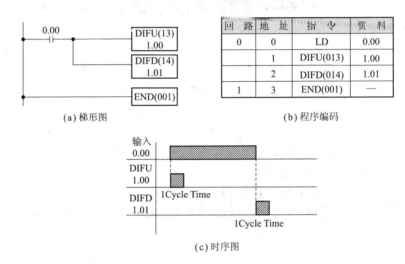

(a) 梯形图

回　路	地　址	指　令	资　料
0	0	LD	0.00
	1	DIFU(013)	1.00
	2	DIFD(014)	1.01
1	3	END(001)	—

(b) 程序编码

(c) 时序图

图 12.1

参考

① 微分型结点 Up(@)/Down(%)如图 12.2 所示,其程序结果与上相同。

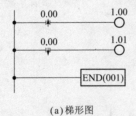

(a)梯形图

回　路	地　址	指　令	数　据
0	0	@LD	0.00
	1	OUT	1.00
1	2	%LD	0.00
	3	OUT	1.01
2	4	END(001)	—

(b) 程序编码

图 12.2

② CSI 系列可以指定输入结点为上/下微分型结点。

- 上微分型(—↑—):输入结点时单击"Up"设定。

- 下微分型(—↓—):输入结点时单击"Down"设定。

参考

① 如图 12.3 所示,制作按下 START 开关即启动截断器,按下紧急停止开关即停止的回路。

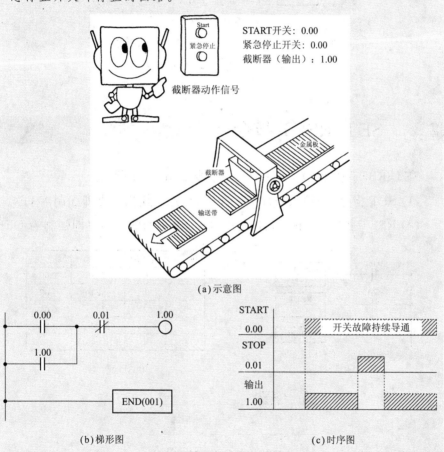

图 12.3

② 故障会继续 START 开关(0.00)ON 的状态。RESET 键 ON 后,会如何呢?试完成图 12.4。

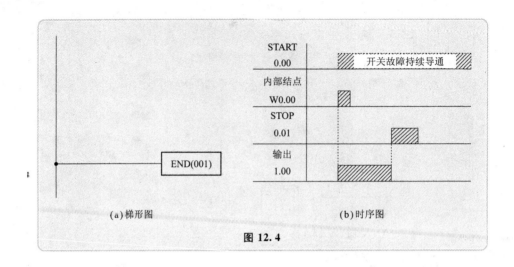

(a)梯形图　　　　　　　　　　(b)时序图

图 12.4

12.2　SET/RSET 指令

SET/RSET 强制 ON/强制 OFF 指令如图 12.5 所示。

(1) SET 指令：当输入条件为 ON 时，指定的输出结点即强制为 ON。

(2) RSET 指令：当输入条件为 ON 时，指定的输出结点即强制为 OFF。

※输出结果与自保回路相同

(a)梯形图

回 路	地 址	指　令	数　据
0	0	LD	0.00
	1	SET	1.00
1	2	LD	0.01
	3	RSET	1.00
	4	END(001)	—

(b)程序编码

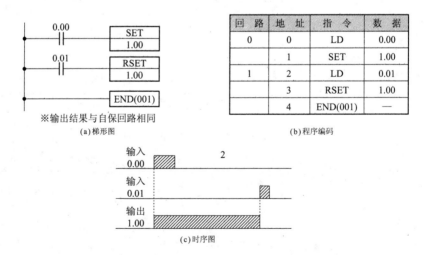

(c)时序图

图 12.5

12.3　IL(002)/ILC(003)指令

回路分歧指令（Inter Lock）/回路分歧清除指令（Inter Lock Clear）如图 12.6所示。

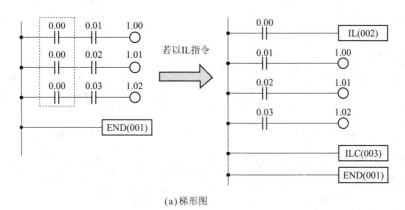

(a)梯形图

动作说明：

· 使用 IL 指令时，即成梯形图右图。

· 若 IL 指令条件(0.00 ON)可成立时，则能使 ILC 间的回路运行。

· 请在回路分歧间的最后输入 ILC 指令，PLC 以此指令可辨识回路分歧指令的终了。

回　路	地　址	指　令	数　据
0		LD	0.00
	1	IL(002)	—
1	2	LD	0.01
	3	OUT	1.00
2	4	LD	0.02
	5	OUT	1.01
3	6	LD	0.03
	7	OUT	1.02
4	8	ILC(003)	—
5	9	END(001)	—

(b)程序编码

图 12.6

12.4　JMP(004)/JME(005)指令和 JMP0(515)/JME0 指令

JMP(004)跳跃指令（JUMP）/JME(005)跳跃结束指令（JUMP END）和 JMP0(515)多重跳跃（Multiple JUMP）/JME0(516)多重跳跃结束（Multiple JUMP END）如图 12.7 所示。

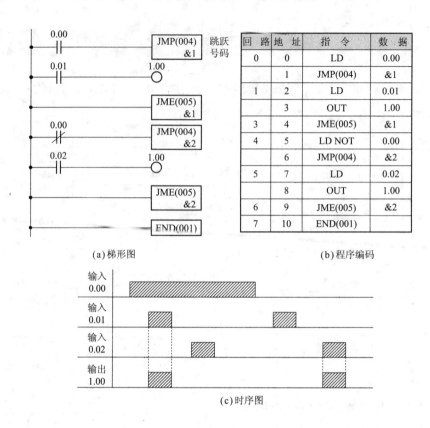

(a)梯形图   (b)程序编码

(c)时序图

图 12.7

说明：JMP0(515)/JME0(516)：

• 可重复使用,不限次数。

• 若输入条件为 OFF,则 JMP0 到 JME0 所有指令的执行时间视同 NOP(000)处理。

※ JMP(004)/JME(005)跳跃号码：&0～&1023(或♯0～♯3FF)

• 提供 1024 组,不可重复使用。

• 若输入条件为 OFF,则程序直接从 JMP 跳到对应的 JME,而回路中的指令执行时间则不被计算。

12.4.1 自动运行回路及手动运行回路

1. 动作概要

在本书的第 10 章中的 10.7 节习题上追加手动运行回路,如图 12.8 所示。

- 自动/手动运行切换开关在自动运行侧时,进行原习题的动作。

- 在手动运行侧时,仅在装有手动用涂装开关时才可驱动涂装机。同样地,仅在装有手动开关时,才可驱动输送带。

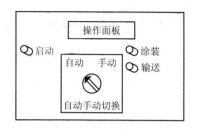

图 12.8

2. 输入分配

输入 0.00　自动运行启动开关

　　　0.01　出口感应器

　　　0.02　自动/手动运行切换开关(ON:自动;OFF:手动)

　　　0.03　手动运行用输送带开关

　　　0.04　手动运行用涂装开关

输出 1.00　输送带

　　　1.00　涂装机

3. 时序图

时序图如图 12.9 所示。

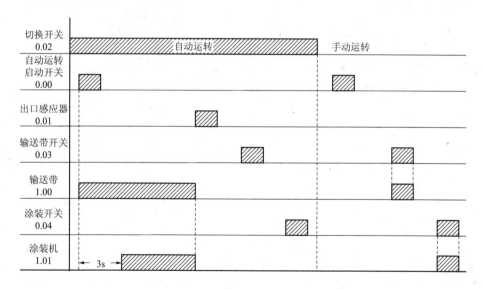

图 12.9

12.4.2　梯形图实例

例 1：如图 12.10 所示。

例 2：使用 JMP·JPE 指令的范例，如图 12.11 所示。

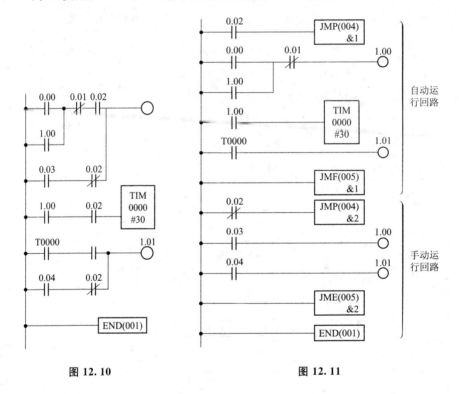

图 12.10　　　　　　　　　　图 12.11

第 13 章

应用程序实例

13.1　先行动作优先回路

以图 13.1 为例,先收到的信号为优先,后收到的信号要等前面的输出信号 OFF 时才有效。

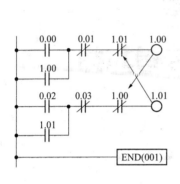

(a)梯形图

回　路	地　址	指　令	数　据
0	0	LD	0.00
	1	OR	1.00
	2	ANDNOT	0.01
	3	ANDNOT	1.01
	4	OUT	1.00
1	5	LD	0.02
	6	OR	1.01
	7	ANDNOT	0.03
	8	ANDNOT	1.00
	9	OUT	1.01
3	10	END(001)	—

(b)程序编码

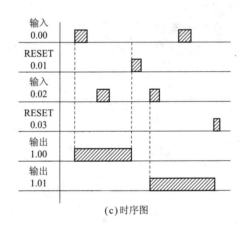

(c)时序图

图 13.1

13.2　新输入信号优先回路

如图 13.2 所示,即使先进入的信号输出已呈 ON 状态,后进入的输入信号会将先前的输出 OFF、由新信号使输出变成 ON 的回路,与图 13.1 的动作顺序相反。

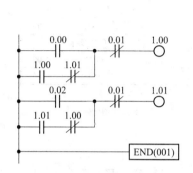

(a)梯形图

回 路	地 址	指 令	数 据
0	0	LD	0.00
	1	LD	1.00
	2	ANDNOT	1.01
	3	ORLD	—
	4	ANDNOT	0.01
	5	OUT	1.00
1	6	LD	0.02
	7	LD	1.01
	8	ANDNOT	1.00
	9	ORLD	—
	10	ANDNOT	0.01
	11	OUT	1.01
2	12	END(001)	—

(b)程序编码

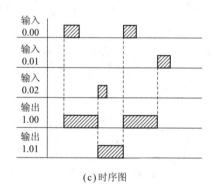

(c)时序图

图 13. 2

13.3 PUSH ON/PUSH OFF 回路

如图 13.3 所示,输入次数为奇数时,输出 ON;偶数时,输出 OFF。

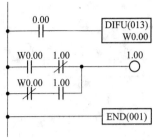

等效回路

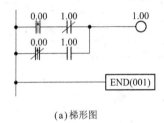

(a) 梯形图

回　路	地　址	指　令	数　据
0	0	LD	0.00
	1	DIFU	W0.00
1	2	LD	W0.00
	3	ANDNOT	1.00
	4	LDNOT	W0.00
	5	AND	1.00
	6	ORLD	—
	7	OUT	1.00
2	8	END(001)	—

(b) 程序编码

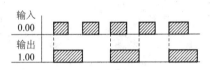

(a) 时序图

图 13.3

第 14 章
应用实例程序演练

14.1 三人抢答

如图 14.1 所示,设定三组来宾进行趣味问答,先按按钮者可获答题权(以亮灯判别);待答题完毕,由主持人清除灯号,并继续下一题,请完成图 14.1 的梯形图。

A来宾
PB1(0.01)
LAMP(1.01)

B来宾
PB2(0.02)
LAMP2(1.02)

C来宾
PB3(0.03)
LAMP3(1.03)

主持人RESET用PB4(0.04)

(a)示意图

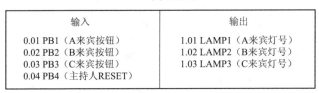

输入	输出
0.01 PB1(A来宾按钮)	1.01 LAMP1(A来宾灯号)
0.02 PB2(B来宾按钮)	1.02 LAMP2(B来宾灯号)
0.03 PB3(C来宾按钮)	1.03 LAMP3(C来宾灯号)
0.04 PB4(主持人RESET)	

(b)输入/输出分配

END(001)

(c)梯形图

图 14.1

14.2　手扶梯省电装置

如图 14.2 所示,当有人通过入口感应器时,即启动手扶梯运行;待最后的人通过 1min 后,则停止手扶梯动作。请试着完成图 14.2 的梯形图。

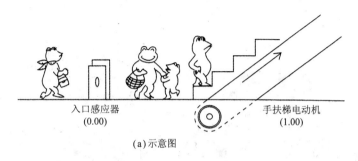

入口感应器　　　　　　　　　　手扶梯电动机
(0.00)　　　　　　　　　　　　(1.00)

(a)示意图

| 输入 0.00 | 入口感应器 |
| 输出 1.00 | 手扶梯电动机 |

(b)输入/输出分配

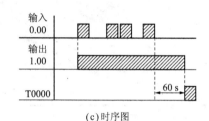

(c)时序图

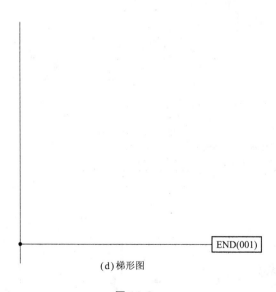

END(001)

(d)梯形图

图 14.2

14.3   水果自动装箱作业

如图 14.3 所示,试设计自动装箱程序,每 10 个水果装一箱。请试着完成图 14.3 的梯形图。

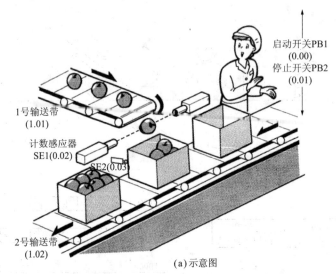

启动开关PB1
(0.00)
停止开关PB2
(0.01)

1号输送带
(1.01)

计数感应器
SE1(0.02)

SE2(0.03)

2号输送带
(1.02)

(a)示意图

输　　入		输　　出	
0.00	PB1(启动开关)	1.01	1 号输送带电动机
0.01	PB2(停止开关)	1.02	2 号输送带电动机
0.02	SE1(计数用感应器)		
0.03	SE2(定位用感应器)		

动作
- 按下启动开关(PB1),2 号输送带开始动作,当箱子达定位处(SE2)时,2 号输送带停止下来
- 待 2 号输送带停止时,即启动 1 号输送带,使水果置入箱中
- 透过感应器(SE1),当装满 10 个水果时,1 号输送带停止运作
- 接着 2 号输送带运作,继续下一个装箱作业
- 按下停止钮(PB2),使 1 号输送带和 2 号输送停止作业

(b)输入/输出分配

(c)梯形图

图 14.3

14.4 自动铁卷门

14.4.1 编写自动铁卷门的程序

试根据图 14.4 编写自动铁卷门的程序。

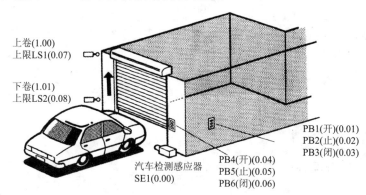

(a)示意图

输入（0CH）		输出（1CH）	
bit	器材名	bit	器材名
00	SE1（汽车检测感应器）	00	上卷电动机
01	FB1（开）	01	下卷电动机
02	FB2（止）	02	—
03	FB3（闭）	03	—
04	FB4（开）	04	—
05	FB5（止）	05	—
06	FB6（闭）	06	—
07	上限 LS1	07	—
08	下限 LS2	08	—
09	—	09	—
10	—	10	—
11	—	11	—
12	—	12	—
13	—	13	—
14	—	14	—
15	—	15	—

(b) 输入/输出分配

图 14.4

条件

- 按 SE1、PB1 或 PB4,则上卷电动机的输出(1.00) 变 ON,成自保持操作。

- 按 PB2 或 PB5,或上限 LS1 动作,解除自保持,铁 卷门停止。

- 下卷时按 PB3 或 PB6,则下卷电动机的输出 (1.01)变 ON,成自保持操作。

- 按 PB2 或 PB5,或下限 LS2 动作,解除自保持,铁 卷门停止。

(c) 梯形图

续图 14.4

14.4.2　一进车库铁卷门即自动下降

试根据图 14.5 编写程序:一进车库,铁卷门即自动下降。

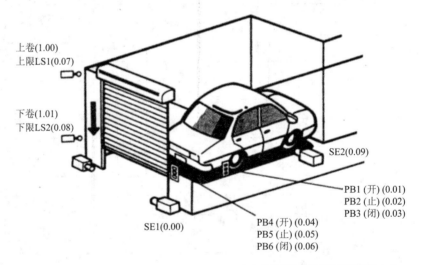

· 在车库底部装设汽车检测感应器(SE2)

(a)示意图

图 14.5

输出（0CH）		输出（1CH）	
bit	器材名	bit	器材名
00	SE1（汽车检测感应器）	00	上卷电动机
01	PB1（开）	01	下卷电动机
02	PB2（止）	02	—
03	PB3（闭）	03	—
04	PB4（开）	04	—
05	PB5（止）	05	—
06	PB6（闭）	06	—
07	上限 LS1	07	—
08	下限 LS2	08	—
09	SE2	09	—
10		10	—
11	—	11	—
12	—	12	—
13	—	13	—
14	—	14	—
15	—	15	—

（b）输入/输出分配

条件

• 车子进入车库后 SE2 ON 时，下卷电动机（1.01）变为 ON，即卷门自动下降。

（c）梯形图

续图 14.5

14.4.3　追加前车灯闪 3 次铁卷门即开启的程序

根据图 14.6,试追加前车灯闪 3 次铁卷门即开启的程序。

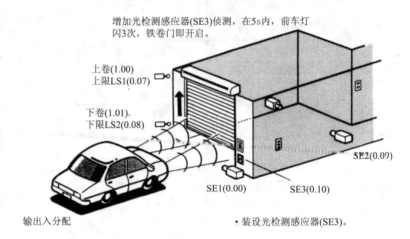

(a)示意图

	输入（0CH）		输出（1CH）
bit	器材名	bit	器材名
00	SE1（汽车检测感应器）	00	上卷电动机
01	PB1（开）	01	下卷电动机
02	PB2（止）	02	—
03	PB3（闭）	03	—
04	PB4（开）	04	—
05	PB5（止）	05	—
06	PB6（闭）	06	—
07	上限 LS1	07	—
08	下限 LS2	08	—
09	SE2	09	—
10	SE3	10	—
11	—	11	—
12	—	12	—
13	—	13	—
14	—	14	—
15	—	15	—

（b）输入/输出分配

图 14.6

条件

• SE3 输入即开始计数,算到第 3 次时,铁卷门上卷输出(1.00)变 ON。

• 若 3 次计数超过 5s,定时器(T0000)变 ON,计数器被 RESET。

(c) 梯形图

续图 14.6

参考资料二

参考 1　Symbols 整体符号表

Symbols 整体符号表见表 1。

表 1

类　别	说　明	标　志	数据类型	地　址
Conditions Flangs（条件标志）	大于等于标志(GN)	P_GE	BOOL	CF00
	不等于标志(NE)	P_NE	BOOL	CF001
	小于等于标志(LE)	P_LE	BOOL	CF002
	指令运算错误标志(ER)	P_ER	BOOL	CF003
	进位标志(CY)	P_CY	BOOL	CF004
	大于标志(GT)	P_GT	BOOL	CF005
	等于标志(EQ)	P_EQ	BOOL	CF006
	小于标志(LT)	P_LT	BOOL	CF007
	负标志(N)	P_N	BOOL	CF008
	溢位标志(OF)	P_OF	BOOL	CF009
	低位标志(UF)	P_UF	BOOL	CF010
	读取错误标志	P_AER	BOOL	CF011
	常时 OFF 标志	P_Off	BOOL	CF114
	常时 ON 标志	P_On	BOOL	CF113
Clock Pulses（时钟脉冲）	0.02s 脉冲	P_O_O2s	BOOL	CF103
	0.1s 脉冲	P_O_1s	BOOL	CF100
	0.2s 脉冲	P_O_2s	BOOL	CF101
	1min 脉冲	P_1min	BOOL	CF104
	1.0s 脉冲	P_1s	BOOL	CF102
Auxlllary Area Flags/Bits（辅助标志 & 位元）	第一次执行周期标志	P_First_Cycle	BOOL	A200.11
	步骤标志	P_Step	BOOL	A200.12
	TASK 第一次执行周期标志	P_First_Cycle_Task	BOOL	A200.15
	最大周期时间	P_Max_Cycle_Time	UDINT	A262
	目前扫瞄时间	P_Cycle_Time_Value	UDINT	A264
	周期时间错误标志	P_Cycle_Time_Error	BOOL	A401.08
	低量电池标志	P_Low_Battery	BOOL	A402.04
	I/O 表比对异常标志	P_IO_Verify_Error	BOOL	A402.09
	输出 OFF 位元	P_Output_Off_Bit	BOOT	A500.15

续表 1

类　别	说　明	标　志	数据类型	地　址
OMRON FB Library words	定义 CIO 区	P_CLO	WORD	A450
	定义 HR 区	P_HR	WORD	A452
	定义 WR 区	P_WR	WORD	A451
	定义 DM 区	P_DM	WORD	A460
	定义 EMO 到 EMC 区	P_EMO to P_EMC	WORD	A461toA473

参考 ② CS1 和 C200Hα 的比较

和 C200Hα 相比,CS1 的优点如下。

1. 高速应答

（1）快 4 倍的执行速度,如图 1 所示。

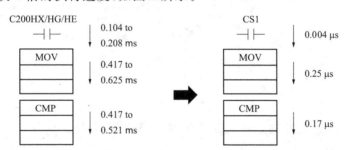

图 1

（2）快 4 倍的周边服务及 I/O 更新处理速度,如图 2 所示。

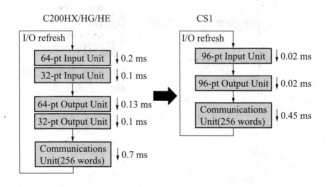

图 2

（3）快 3 倍的整体周期处理速度：以 20K steps 程序为例，如图 3 所示。

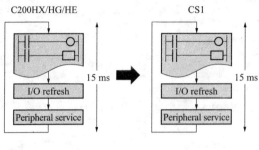

图 3

2. 超大程序容量

（1）程序容量大 4 倍：CS1 程序最大到 250K steps，如图 4 所示。

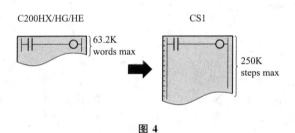

图 4

（2）I/O 最大控制点数大 4.3 倍：CS1 I/O 最大控制点数为 5120 点，如图 5 所示。

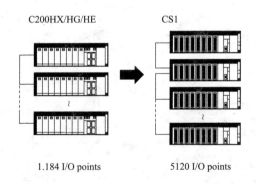

图 5

188

（3）数据存储器(DM)大 4.5 倍：CS1 DM 区最大至 448K words，如图 6 所示。

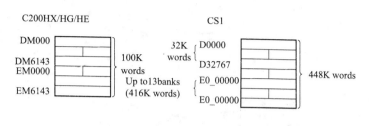

图 6

（4）Timer/Counter 个数多 16 倍：CS1 定时器（Timer）为 4096 个，计数器（Counter）为 4096 个，如图 7 所示。

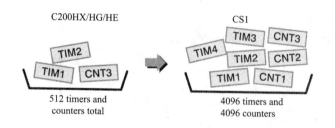

图 7

3. 扩大指令组合

新增符号比较（Symbol Comparison）、数据控制（Data Control）、网络通信（Network Communications）、字符串处理（Text string Processing）等系列指令，使 CS1 的应用指令更加多样化。

4. 承接所有 C200H 的模块

CS1 能承接所有 C200H 的模块，如图 8 所示。

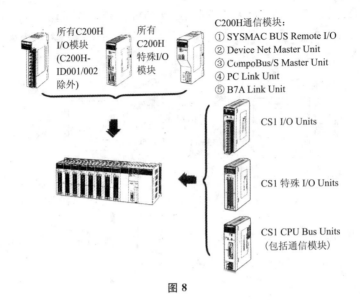

图 8

5. 使用 CX-P 软件编写程序,操作简单

使用 CX-P 软件可转换成用其他 OMRON RLC 所生成的程序,如图 9 所示。

图 9

6. 指令可设定范围变大

参数值可将 BCD 转成二进制,增加数据处理能力,如图 10 所示。

Item	C200HX/HG/HE	CS1
区块传送	0～9999 words	0～65535 words
间接指定	DM0000～DM9999	D0000～D32767

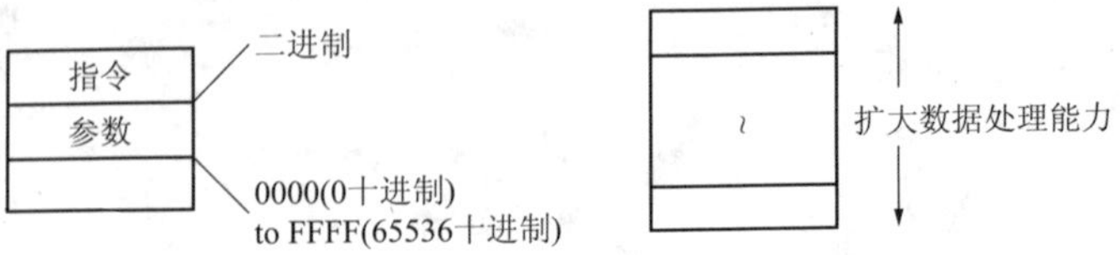

图 10

参考③   PLC 和 PC 间的连接线（RS232C）

PLC 与 PC 间的 RS232C 连接如图 11 所示。

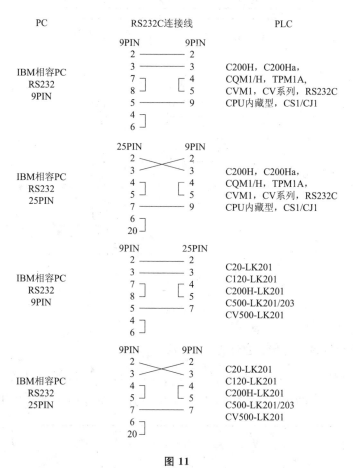

图 11

参考④   练习范例

1. TIM:根据时序图动作完成梯形图程序

如图 12 所示,试针对时序图动作完成梯形程序。

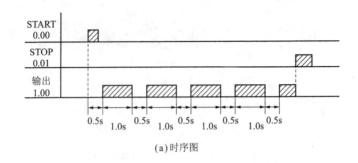

(a)时序图

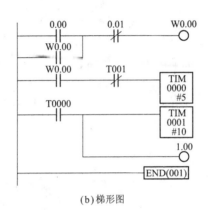

(b)梯形图

图 12

2. TIM:试模拟交通信号灯的控制行为

如图 13 所示,当开动开关(0.00)动作即启动回路,停止开关(0.01)即停止回路。亮灯顺序为:绿灯 5s→黄灯 3s→红灯 5s→……重复以上动作。

输 入		输 出	
0.00	启动开关	1.02	绿灯
0.01	停止开关	1.01	黄灯
		1.00	红灯

(a) 输入/输出分配

图 13

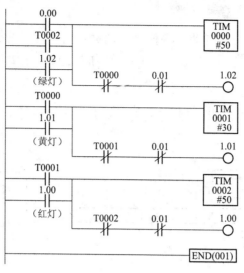

(b)梯形图

续图 **13**

3．TIM：ON/OFF delay 回路

试根据图 14 设计延迟操作回路。当输入条件导通为 ON 之后 3s 输出也导通为 ON，待输入条件为 OFF 之后 5s 输出也为 OFF。

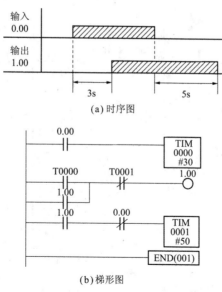

(a) 时序图

(b)梯形图

图 **14**

4. TIM:依序启动回路

图 15 三段输送带电动机将依序启动、停止,试完成梯形图。

(1) 启动开关为 ON 时,1 号输送带动作,3s 后 2 号输送带动作,再过 3s 3 号输送带动作。

(2) 启动开关为 OFF 时,3 号输送带停止,2s 后 2 号输送带也停止,再过2s 1号输送带停止。

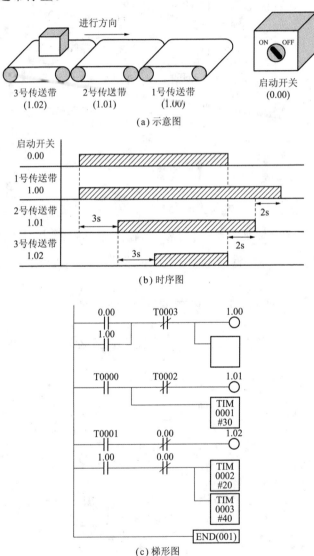

(a) 示意图

(b) 时序图

(c) 梯形图

图 15

5. CNT：针对时序图动作完成梯形图程序

如图 16 所示，计数器输入 0.00，RESET 输入 0.01，输出 1.00。

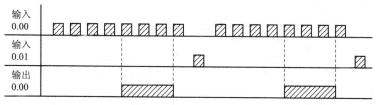

(a) 时序图

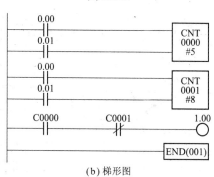

(b) 梯形图

图 16

6. CNT：制作定时器

如图 17 所示，使用 CNT 与 1s 脉冲（P_1s）做出 1min 定时器。

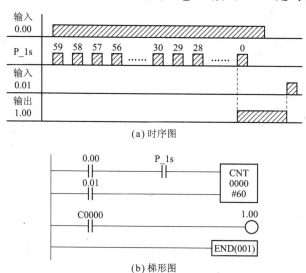

图 17

195

7. TIM · CNT

图 18(b)为图 18(a)时序图动作的梯形程序。

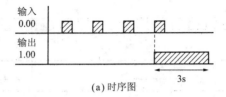

(a) 时序图

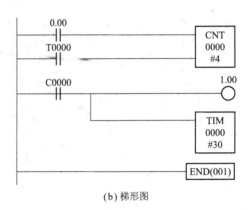

(b) 梯形图

图 18

基础解答

第 10 章

- (P. 152)练习 1

答案如图 1 所示。

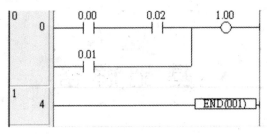

图 1

- (P. 152)练习 2

答案如图 2 所示。

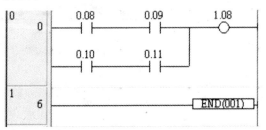

图 2

- (P. 158)习题 1

答案如图 3 所示。

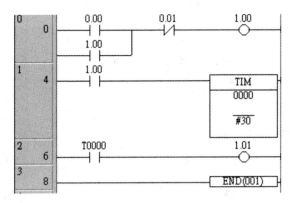

图 3

- （P.159）习题 2

答案如图 4 所示。

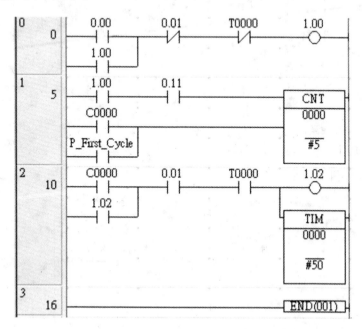

图 4

第 12 章

- （P.165）

- 使用微分指令,答案如图 5 所示。

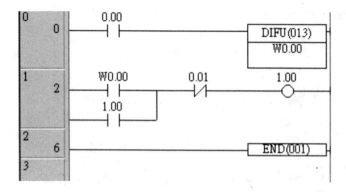

图 5

- 使用微分型结点,答案如图 6 所示。

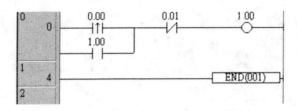

图 6

第 14 章

- (P. 176)

答案如图 7 所示。

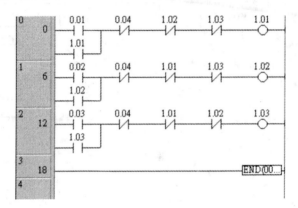

图 7

- (P. 177)

答案如图 8 所示。

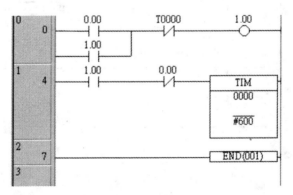

图 8

- （P.178）

  答案如图 9 所示。

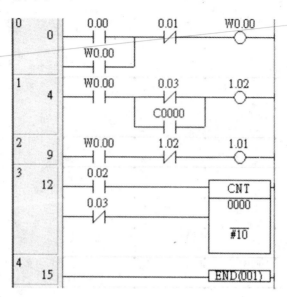

图 9

- （P.179）

  答案如图 10 所示。

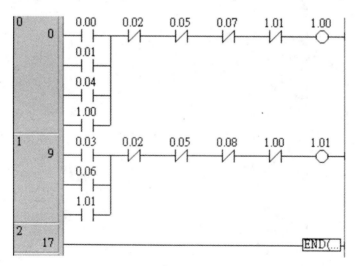

图 10

201

- （P. 181）

  答案如图 11 所示。

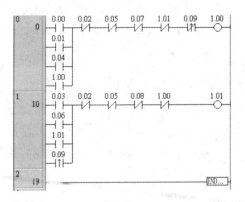

图 11

- （P. 183）

  答案如图 12 所示。

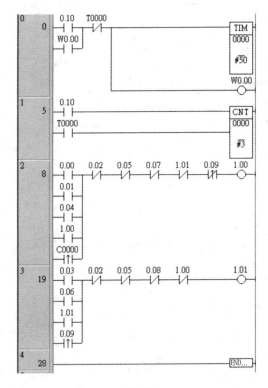

图 12

第 3 篇

CS1梯形图进阶

第 15 章

基本事项

15.1 关于实习器材

15.1.1 SYSMAC 本体和模拟机组

SYSMAC CS1 如图 15.1 所示，其 I/O 通道分配见表 15.1。

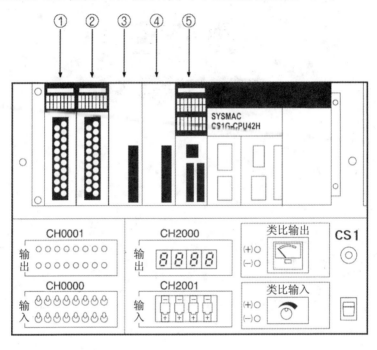

图 15.1

表 15.1 I/O 通道分配

序 号	规 格	型 号	高功能模块机号	占有 CH
①	16 点 DC 输入	ID212		0000
②	16 点 DC 输入	OD212		0001
③	空			
④	空			
⑤	32 点 DC 输入 F 输出	MD215	0	2000～2009

15.1.2　32 点多点 I/O 模块（MD215）的设定

设定机号 NO.如图 15.2 所示。

机号NO.	通道CH号码
0	2000~2009
1	2010~2019
2	2020~2029
3	2030~2039
4	2040~2049
4	2050~2059
⋮	⋮
F	2150~2159

← MD215

RUN：正常动作中灯亮

输出显示

设定机号NO.开关

注：针对CS1系列的特殊模块
机号可设定00~95号。

图 15.2

15.2　通道（CH）

以前,在基本指令中所使用的 I/O 号码被当作各个结点号码来处理。而今,在所学的应用指令中,结点不再单独处理,而是当作 16 个结点的集合（CH）来处理。CH 是由图 15.3 所示的结构所组合而成的 4 位数数据。

有关不同进制数的关系如图 15.4 所示。

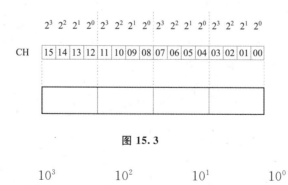

图 15.3

| 十进制 | 10^3 | 10^2 | 10^1 | 10^0 |
| 十六进制 | 10^3 | 10^2 | 10^1 | 10^0 |

用 1 位数所表现的数字

BCD（二进制十进位）

| 9 | 8 | 7 | 6 | 5 | 4 | 3 | 2 | 1 | 0 |

十六进制

15 14 13 12 11 10

| F | E | D | C | B | A | 9 | 8 | 7 | 6 | 5 | 4 | 3 | 2 | 1 | 0 |

十进制	十六进制	二进制（Binary）		二进制十进位（BCD）	
0	00	0000	0000	0000	0000
1	01	0000	0001	0000	0001
2	02	0000	0010	0000	00010
3	03	0000	0011	0000	0011
4	04	0000	0100	0000	00100
5	05	0000	0101	0000	0101
6	06	0000	0110	0000	0110
7	07	0000	0111	0000	0111
8	08	0000	1000	0000	1000
9	09	0000	1001	0000	1001
10	0A	0000	1010	0001	0000
11	0B	0000	1011	0001	0001
12	0C	0000	1100	0001	0010
13	0D	0000	1101	0001	0011
14	0E	0000	1110	0001	0100
15	0F	0000	1111	0001	0101
16	10	0001	0000	0001	0110

图 15.4

例题 1

0000CH 的 bit(00,01,04,05,06,07,08,09,10,14,15) 为 ON 时，0000CH 数据是什么？如图 15.5 所示。

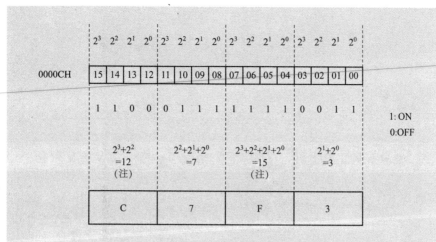

图 15.5

练习

请利用计算机(Watch Windows)监视 0000CH 内的内容。

(1)1 2 3 4

15 14 13 12 11 10 09 08 07 06 05 04 03 02 01 00

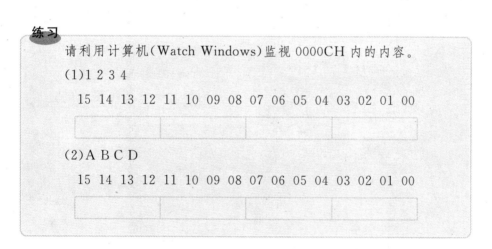

(2)A B C D

15 14 13 12 11 10 09 08 07 06 05 04 03 02 01 00

第 16 章

常用的应用指令

◀◀◀◀◀◀◀◀◀◀◀◀◀

16.1　MOV(021)传送(MOVE)

MOV(021)传送(MOVE)指令如图 16.1 所示。

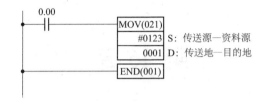

图 16.1

1. 动　作

(1) 输入条件 ON 时，由不变化位元(bit)构成，把"来源"的数据传送到"目的地"，如图 16.2 所示。

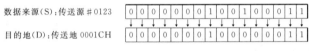

图 16.2

(2) 因传送后数据来源不变，故传送后"来源"和"目的地"相同。又，传送后即使输入条件为"OFF"，"目的地"也保存数据。

2. 数据内容

相关的数据内容见表 16.1

表 16.1

区　域	S	D
CIO	CIO 0000～CIO 6143	
WR	W000～W511	
HR	H000～H511	
AR	A000 Q959	A448～A959
TIM	T0000～T4095	
CNT	C0000～C4095	
DM	D00000～D32767	
常数	#0000～#FFFF	‑

例题 1

使用状态标志(P_ON),把指拨开关(2001CH)的数据传送到指示器(0001CH)和显示器(2000CH),如图 16.3 所示。

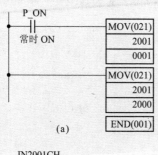

(a)

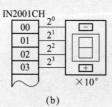

(b)

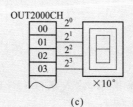

(c)

图 16.3

例题 2

传送定时器的现在值(T0000)到显示器(2000CH),如图 16.4 所示。

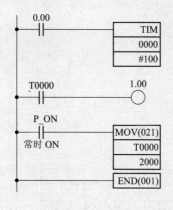

图 16.4

213

16.2　BCD 递增指令和递减指令

＋＋B(594)BCD 递增指令(IncrementBCD)和－－B(596)BCD 递减指令(DecrementBCD)如图 16.5 所示。

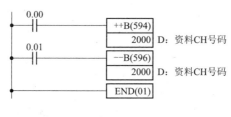

图 16.5

1. 动　作

(1) 递增指令:输入条件 ON 时,每扫描一次,2000CH 的数据内容加 1,如图 16.6 所示。

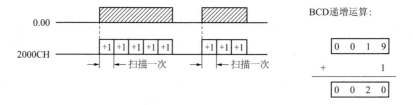

图 16.6

(2) 递减指令:输入条件 ON 时,每扫描一次,2000CH 的数据内容减 1,如图 16.7 所示。

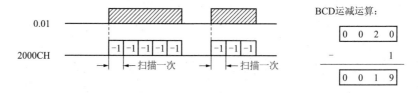

图 16.7

2. 数据内容

相关的数据内容见表 16.2。

表 16.2

区域	D
CIO	CIO～CIO6143
WR	W000～W511
HR	H000～H511
AR	A448～A959
TIM	T0000～T4095
CNT	C0000～C4095
DM	D0000～D32767
常数	—

16.3 二进制递增指令和递减指令

＋＋(590)二进制递增指令(Increment Binary)和－－(592)二进制递减指令(Decrement Binary)如图 16.8 所示。

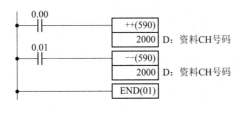

图 16.8

1. 动 作

(1) 递增指令：输入条件 ON 时，每扫描一次，2000CH 的数据内容加1，如图 16.9 所示。

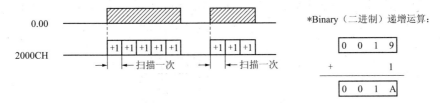

图 16.9

215

（2）递减指令：输入条件 ON 时，每扫描一次，2000CH 的数据内容减 1，如图 16.10 所示。

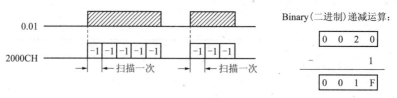

图 16.10

2. 相关指令补充

相关指令补充如图 16.11 所示。

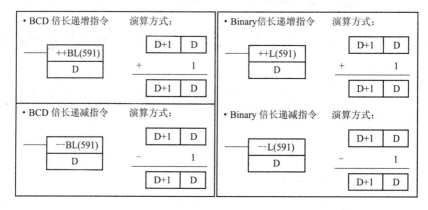

图 16.11

16.4 输入微分

16.4.1 微分型指令（@ Upward Differentiation）

PLC 大部分的应用指令都具备输入微分型的指令，如图 16.12 所示。

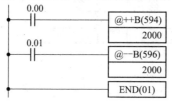

图 16.12

（1）增1指令：输入条件从 OFF 至 ON 时，每扫描一次指定的继电器，使其接通（ON），如图 16.13 所示。

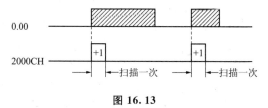

图 16.13

（2）减1指令：输入条件从 ON 至 OFF 时，每扫描一次指定的继电器，使其接通（ON），如图 16.14 所示。

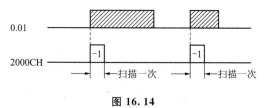

图 16.14

> 应用指令 ON 时，每扫描一次即执行。
>
> 仅执行一次时，务必使用微分指令或附@的指令。

16.4.2　微分型结点

输入结点可使用上微分结点（Up）或下微分结点（Down），如图 16.15 所示。

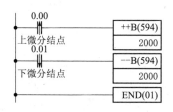

图 16.15

1. 上微分动作

输入条件从 OFF 至 ON 时，每扫描一次指定的继电器，使其接通（ON），

217

如图 16.16 所示。

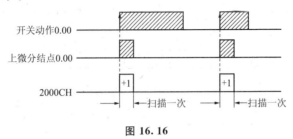

图 16.16

2. 下微分动作

输入条件从 ON 至 OFF 时，每扫描一次指定的继电器，使其接通（ON），如图 16.17 所示。

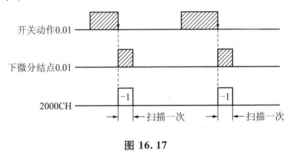

图 16.17

16.5　CMP(020)比较指令（Compare）

CMP(020)比较指令（Compare）如图 16.18 所示。

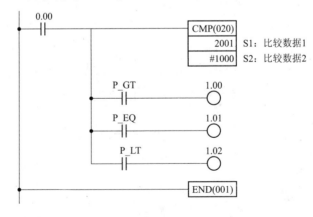

图 16.18

1. 动　作

输入条件 ON 时,进行"比较数据 1(S1)"和"比较数据 2(S2)"两种数据的比较,其比较结果输出在比较标志上,其状态见表 16.3。

表 16.3

比较结果	P_GT	P_GE	P_EQ	P_NE	P_LT	P_LE
	＞	＞＝	＝	＜＞	＜	＜＝
S1＞S2	ON	ON	OFF	ON	OFF	OFF
S1＝S2	OFF	ON	ON	OFF	OFF	ON
S1＜S2	OFF	OFF	OFF	ON	ON	ON

2. 数据内容

相关的数据内容见表 16.4。

表 16.4

区域	S1	S2
CIO	CIO 0000～CIO 6143	
WR	W000～W511	
HR	H000～H511	
AR	A000～A959	
TIM	T0000～T4095	
CNT	C0000～C4095	
DM	D0000～D32767	
常数	＃0000～＃FFFF	

16.6　＞(320)、＜(310)、＝(300)＞＝(325)、＜＝(315)、＜＞(305)条件式比较指令

比较方式可直接使用条件式判断其结果,如图 16.19 所示。

1. 动　作

输入条件 ON 时,进行"比较数据 1"和"比较数据 2"两种数据的比较,条件判断成立时,导通其输出。

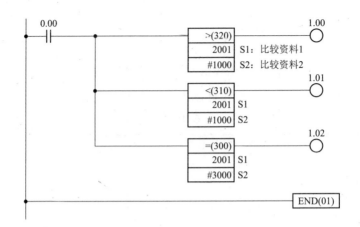

图 16.19

2. 数据内容

相关数据内容见表 16.5。

表 16.5

区域	S1	S2
CIO	CIO 0000~CIO6143	
WR	W000~W511	
HR	H000~H511	
AR	Q000~Q959	
TIM	T0000~T4095	
CNT	C000~C4095	
DM	D0000~D32767	
常数	#0000~#FFFF	

3. 指令输入形式

各条件式比较指令皆可以 LD、AND、OR 指令输入进行比较动作,举例如下。

(1) LD <,如图 16.20 所示。

图 16.20

（2）AND＞,如图 16.21 所示。

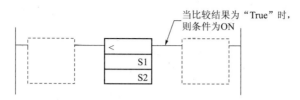

图 16. 21

（3）OR＜,如图 16.22 所示。

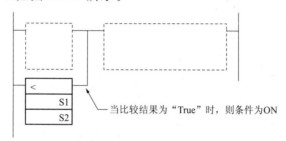

图 16. 22

4. 相关的指令补充

相关的指令补充见表 16.6。

表 16. 6

数据\n\n项　目	无符号比较 （4 位数十六进制）	无符号倍长 比较（8 位数 十六进制）	含符号比较 （4 位数十六进制）	含符号倍长 比较（8 位数 十六进制）
＝（等于）	＝(300)	＝L(301)	＝S(302)	＝SL(303)
＜＞（不等于）	＜＞(305)	＜＞L(306)	＜＞(307)	＜＞SL(313)
＜（小于）	＜＞(301)	＜L(311)	＜S(312)	＜SL(313)
＜＝（小于或等于）	＜＝(315)	＜＝(316)	＜＝(317)	＜＝SL(318)
＞（大于）	＞(320)	＞＝L(321)	＞S(322)	＞SL(323)
＞＝（大于或等于）	＞＝(325)	＞＝(326)	＞＝S(327)	＞＝SL(328)

练习

如图 16.23 所示,计算并显示仓库的出入库量数,超过 10 个,则输出上为警报指示灯(1.00)。

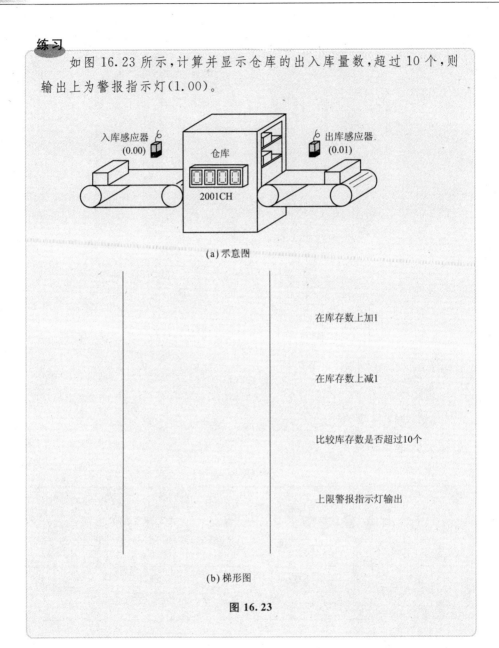

(a) 示意图

在库存数上加1

在库存数上减1

比较库存数是否超过10个

上限警报指示灯输出

(b) 梯形图

图 16.23

16.7　SFT(010)位移暂存器

SFT(010)位移暂存器(Shift Register)如图 16.24 所示。

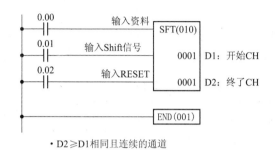

· D2≥D1相同且连续的通道

图 16.24

1. 动　作

动作时序如图 16..25 所示。

(1) SHIFT 信号输入(0.01)向上(OFF→ON)时,开始 CH 到终了(1.00~1.15)的内容(ON/OFF)各位移(SHIFT)1 bit,同时所输入数据(0.00)的内容输出到 1.00。

(2) RESET 输入(0.02)ON 时,从开始 CH 到终了 CH(1.00~1.15)的内容全部 OFF。

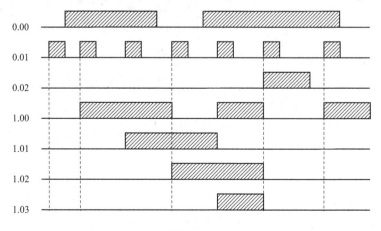

图 16.25

2. 注意事项

（1）停电时要存储断电前的状态时，在 CH 请使用保持继电器、辅助继电器。

（2）以 RESET 为优先。

3. 数据内容

相关的数据内容见表 16.7

表 16.7

区域	D1	D2
CIO	CIO0000～CIO6143	
WR	W000～W511	
HR	H000～H511	
AR	A000～A959	
TIM	—	
CNT	—	
DM	—	
常数	—	

练习

　　如图 16.26 所示，以不良品检测器（0.00）检测不良，把保持继电器 H000CH 作为位移暂存器，使用第 6 bit（H0.06）进行丢出动作。

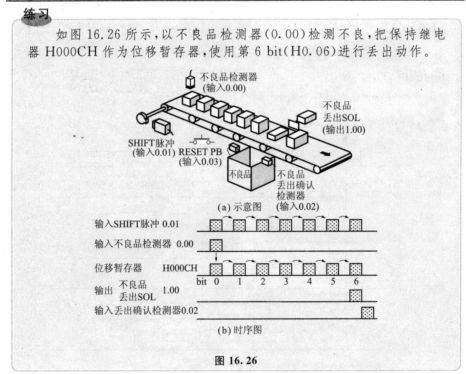

图 16.26

224

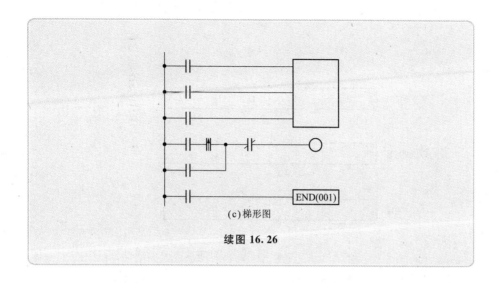

(c)梯形图

续图 16.26

16.8 MOVD(083)数位搬移(Move Digit)

MOVD(083)数位搬移(Move Digit)指令如图 16.27 所示。

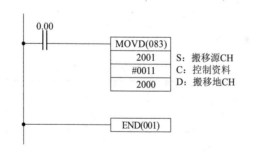

图 16.27

1. 动 作

输入条件 ON 时,从 S 数据的指定位数搬移到 D 的指定位数,如图 16.28所示。指定位数由 C 数据确定。

225

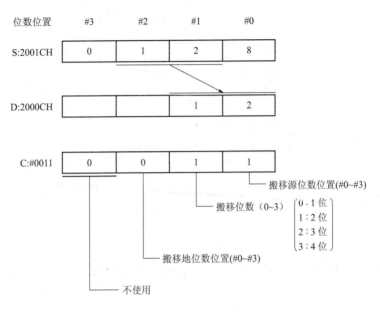

图 16.28

2. 数据内容

相关数据内容见表 16.8。

表 16.8

区　域	S	C	D
CIO		CIO 0000～CIO6143	
WR		W000～W511	
HR		H000～H511	
AR		A000～A959	A448～A959
TIM		T0000～T4095	
CNT		C0000～C4095	
DM		D0000～D32767	
常数	♯0000～♯FFFF	Specified values only	-

练习

图 16.29 所示程序为利用外部的指拨 SW(2001CH)设定,前两位数搬移到 W000CH 当做 TIM0000 的设定位置,后两位数搬移到 W001CH 当做 TIM0001 的设定位置。请追加程序,并确认闪烁回路的动作。

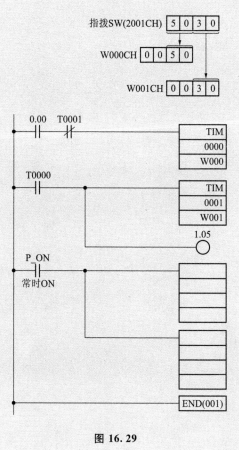

图 16.29

第 17 章

BCD/Binary四则运算

17.1　＋B(404)BCD 加运算

＋B(404)BCD 加运算(BCD Add Without Carry)如图 17.1 所示。

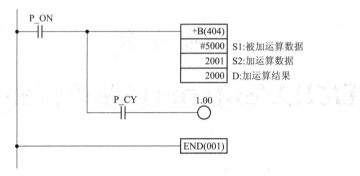

注：P_CY(CF004)为Carrry Flay，当做进位标志处理。

图 17.1

1. 动　作

输入条件 ON 时，将 S1 的 BCD 数据与 S2 的 BCD 数据相加，其结果放在 D；有进位时，"P_CY"自动 ON。

加运算运算式如图 17.2 所示。

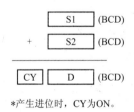

*产生进位时，CY为ON。

图 17.2

2. 数据内容

相关的数据内容见表 17.1。

230

表 17.1

区　域	S1	S2	S3
CIO		CIO 0000～CIO 6143	
WR		W000～W511	
HR		H000～H511	
AR		A000～A959	A448～A959
TIM		T0000～T4095	
CNT		C0000～C4095	
DM		D00000～D32767	
常数		＃0000～＃9999(BCD)	

17.2　+(400)二进制加运算

+(400)二进制(含符号)加运算(Signed Binary Add Without Carry) 如图 17.3 所示。

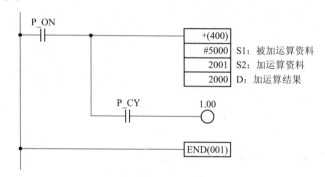

图 17.3

1. 动　作

加运算运算式如图 17.4 所示。

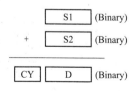

*产生进位时，CY为ON。

图 17.4

231

2. BCD/Binary 加运算指令补充

BCD/Binary 加运算指令补充如图 17.5 所示。

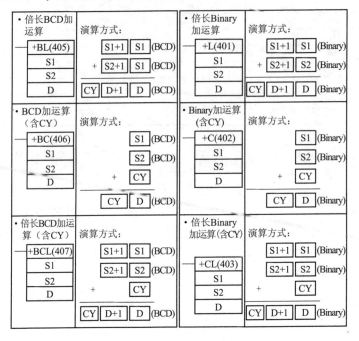

图 17.5

17.3　—B(414)BCD 减运算

—B(414)BCD 减运算(BCD Subtract Without Carry)如图 17.6 所示。

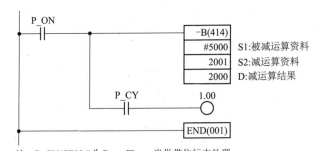

注：P_CY(CF004)为Carry Flay，当做借位标志处理。

图 17.6

1. 动　作

输入条件 ON 时,从 S1 的 BCD 数据减去 S2 的 BCD 数据和 CY,其结果放在〔D〕;有借位时,〔P_CY〕自动 ON。

减运算运算式如图 17.7 所示。

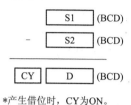

*产生借位时, CY为ON。

图 17.7

2. 数据内容

相关的数据内容见表 17.2。

表 17.2

区　域	S1	S2	D
CIO		CIO 0000～CIO 6143	
WR		W000～W511	
HR		H000～H511	
AR		A000～A959	A448～A959
TIM		T0000～T4095	
CNT		C0000～C4095	
DM		D00000～D32767	
常　数		＃000～＃9999(BCD)	-

17.4　-(401)二进制减运算

-(401)二进制含符号减运算(Signed Binary Subtract Without Carry)如图 17.8 所示。

1. 动　作

减运算运算式如图 17.9 所示。

233

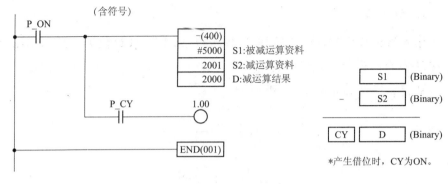

图 17.8

图 17.9

2. BCD/Binary 减运算指令补充

BCD/Binary 减运算指令补充如图 17.10 所示。

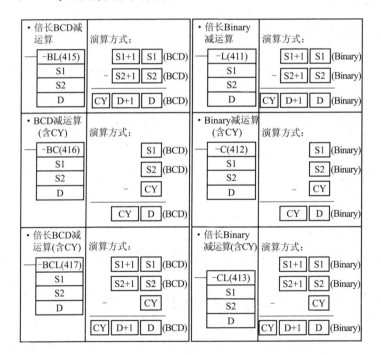

图 17.10

练习 1

如图 17.11 所示,0.00 为 ON 时,从♯5000 减运算 2001CH,把结果显示在显示器(2000CH)上。减运算结果为负时,使指示灯(1.00)灯亮,并使其显示真值。

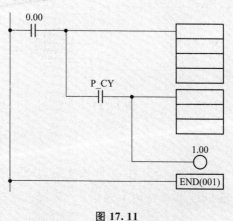

图 17.11

练习 2

在图 17.12 所示的程序上,以递增方式显示 CNT0000 的现在值至显示器(2000CH),并完成 　　　　 。

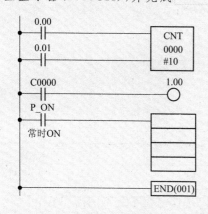

图 17.12

提示:

尚未计数时,CNT0000 现在值为 10,显示器累计值为 0。

计数第一次,CNT0000 现在值为 9,显示器累计值需为 1。

依此类推,计数达 10 次时,CNT0000 现在值为 0,显示器累计值则为 10。

17.5　＊B(424)BCD 乘运算

＊B(424)BCD 乘运算(BCD Multiply)如图 17.13 所示。

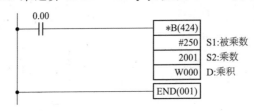

图 17.13

1. 动　作

输入条件 0.00 为 ON 时,S1 的 BCD 数据乘以 S2 的 BCD 数据,结果输出至指定的通道。输出结果需要两个通道。

乘运算运算式如图 17.14 所示。

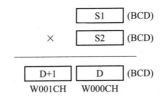

图 17.14

2. 数据内容

相关的数据内容见表 17.3。

表 17.3

区域	S1	S2	D
CIO	CIO 0000～CIO 6143		CIO0000～CIO6142
WR	W000～W511		W000～W510
HR	H000～H511		H000～H510
AR	A000～A959		A448～A958
TIM	T0000～T4095		T0000～T4094
CNT	C0000～C4095		C0000～C4094
DM	D00000～D32767		D00000～D32766
常数	＃0000～＃9999(BCD)		—

17.6 *(420)二进制乘运算

*(420)二进制乘运算(Signed Binary Multiply)如图 17.15 所示。

1. 动 作

乘运算运算式如图 17.16 所示。

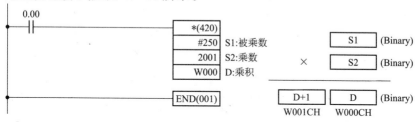

图 17.15   图 17.16

2. BCD/Binary 乘运算指令补充

BCD/Binary 乘运算指令补充如图 17.17 所示。

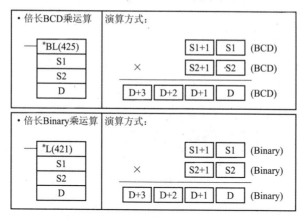

图 17.17

参考

无符号(Unsigned)二进制乘运算指令：*U(422)、*UL(423)。

237

17.7　/B(434)BCD 除运算

/B(434)BCD 除运算(BCD Divide)如图 17.18 所示。

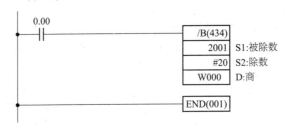

图 17.18

1. 动　作

输入条件 0.00 为 ON 时,S1 的 BCD 数据除以 S2 的 BCD 数据,结果输出至指定的通道。输出结果需要两个通道,一个用于存储商,一个用于存储余数。

除运算运算式如图 17.19 所示。

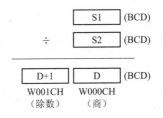

图 17.19

2. 数据内容

相关的数据内容见表 17.4。

表 17.4

D	S1	S2
CIO	CIO 0000~CIO 6143	CIO 0000~CIO 6142
WR	W000~W511	W000~W510
HR	H000~H511	H000~H510
AR	A000~A959	A448~A958

续表 17.4

区域	S1	S2	D
TIM	T0000~T4095		T0000~T4094
CNT	C0000~C4095		C0000~C4094
DM	D00000~D32767		D00000~D32766
常数	＃0000～＃9999(BCD)	＃0001～＃9999(BCD)	—

17.8　/(430)二进制除运算

/(430)二进制(合符号)除运算(Signed Binary Divide)如图 17.20 所示。

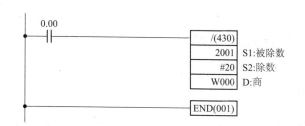

图 17.20

1. 动作

除运算运算式如图 17.21 所示。

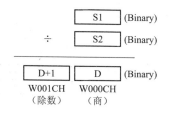

图 17.21

2. BCD/Binary 除运算指令补充

BCD/Binary 除运算指令补充如图 17.22 所示。

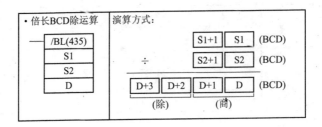

图 17. 22

参考

尤符号(Unsigned)二进制除运算指令:/U(432)、/UL(433)。

17.9　DM 数据存储器

17.9.1　DM

数据存储器仅存储 4 位数的数据,所存储的数据即使切断电源也可以保存。

CS1G-CPU42 具有 32K Words 的数据存储器;D0~D32767 可读/写。

例题

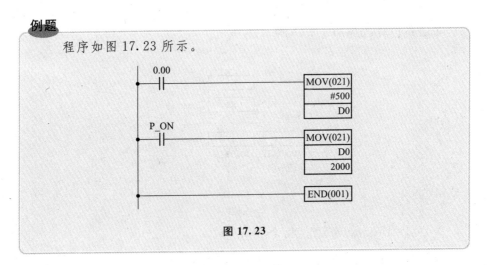

程序如图 17.23 所示。

图 17. 23

17.9.2　＊D(间接指定)

截至目前所学的 CH、DM 等,是作为直接指定来处理的;但 DM 的内容可当作 DM NO 来处理,此称为间接指定。DM 区表如图 17.24 所示。

请输入右表数据。

※配合 Watch 视窗。

DM区表

DM NO	资　料
D0	0005
D1	0010
⋮	⋮
D5	1234
⋮	⋮
D10	8888

图 17.24

(1) PROGRAM 说明如下。

· 直接指定(D0)如图 17.25 所示。

图 17.25

· 间接指定(＊D0)如图 17.26 所示。

图 17.26

(2) 试了解图 17.27 中 2000CH 的输出值为多少?

241

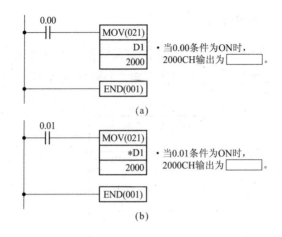

图 17.27

17.10　XFER(070)区块传送

XFER(070)区块传送(Block Transfer)如图 17.28 所示。

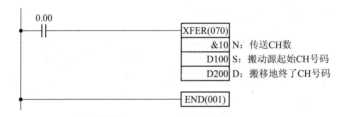

图 17.28

1. 动　作

输入条件 ON 时,把 S～S+(N1)区共 N 个 CH 的内容,依序搬移到 D～D+(N1)的各个 CH,如图 17.29 所示。

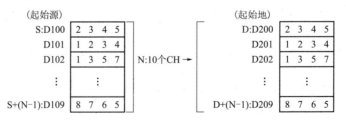

图 17.29

参考

若 S 和 D 区域范围重叠时,也可进行数据位移,如图 17.30 所示。

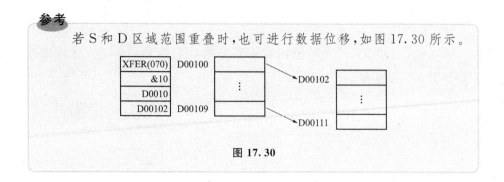

图 17.30

2. 数据内容

相关的数据内容见表 17.5。

表 17.5

区域	N	S	D
CIO		CIO 0000～CIO 6143	
WR		W000～W511	
HR		H000～H511	
AR		A000～A959	A448～A959
TIM		T0000～T4095	
CNT		C0000～C4095	
DM		D00000～D32767	
常数	# 0000 ～ # FFFF (或 &0～&65535)	—	

17.11   BSET(071)区块设定

BSET(071)区块设定(Block Set)如图 17.31 所示。

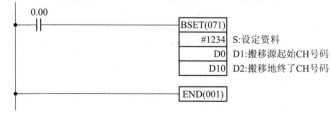

· D2≥D1相同且连续之通道。

图 17.31

243

1. 动　作

输入条件 ON 时,把 S 数据内容从搬移源 CH,搬移到终了 CH 的各个 CH,如图 17.32 所示。

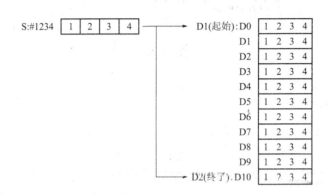

图 17.32

2. 数据内容

相关的数据内容见表 17.6。

表 17.6

区域	S	D1	D2
CIO		CIO 0000～CIO 6143	
WR		W000～W511	
HR		H000～H511	
AR	A000～A959	A448～A959	
TIM		T0000～T4095	
CNT		C0000～C4095	
DM		D00000～D32767	
常数	#0000～#FFFF	—	

练习

　　如图 17.33 所示,计测输送带上所流动的制品,把各个制品的数据放在 D1~D10 上(间接指定 D0)。

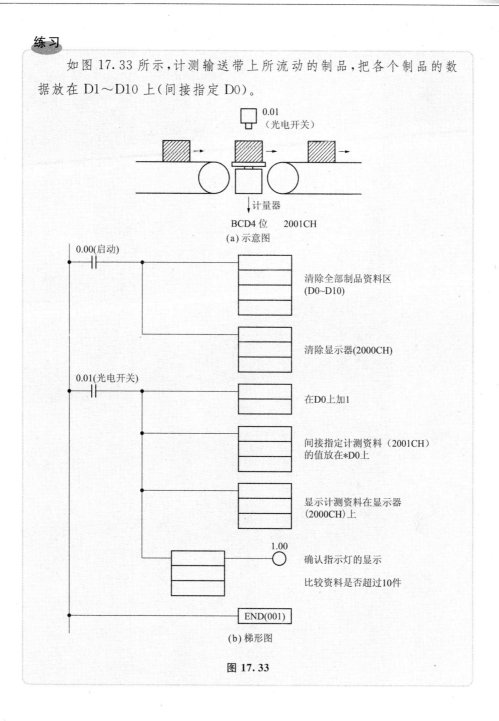

图 17.33

第 18 章

主程序和子程序

◀ ◀ ◀ ◀ ◀ ◀ ◀ ◀ ◀ ◀ ◀ ◀

18.1　主程序和子程序的关系

主程序和子程序的关系如图 18.1 所示,归纳如下。

(1) 子程序是把大的控制任务分为较小的任务,以使你能够重复使用的部分指令。

(2) 当主程序调用一个子程序时,控制就转到子程序并执行子程序指令。

(3) 子程序中指令的写入方法与主程序相同。

(4) 当子程序已全部执行完后,控制就返回到主程序中刚才调用子程序的那个点上。

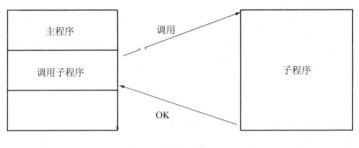

图 18.1

18.2　SBN(092)/RET(093)定义子程序

SBN(092)(Subroutine Entry)/RET(093)(Subroutine Return)定义子程序如图 18.2 所示。

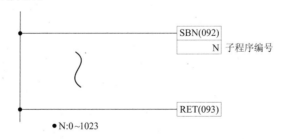

图 18.2

注意

子程序最多可使用至 16 级(即子程序可调用另一个子程序),如图 18.3 所示。

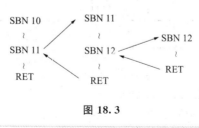

图 18.3

18.3 SBS(091)调用子程序

SBS(091)调用子程序(Subroutine Call)如图 18.4 所示。

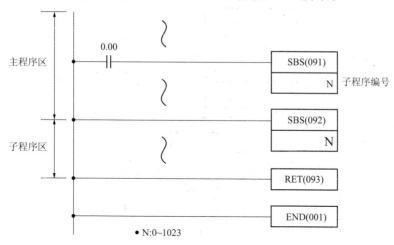

图 18.4

注意

END 指令需放在子程序后面。

程序控制流程介绍如下。

(1) 使用 1 组子程序时,如图 18.5 所示。

(2) 使用 2 组子程序时,如图 18.6 所示。

249

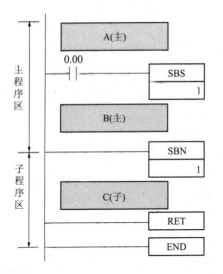

0.00	执行顺序
ON	A→S→B
OFF	A→B

图 18. 5

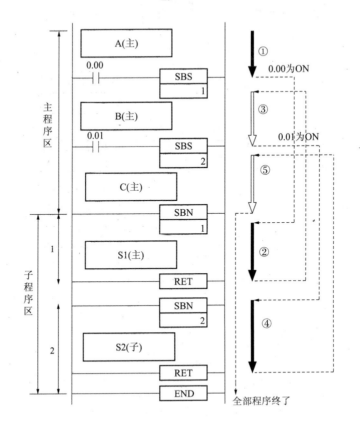

图 18. 6

0.00	0.01	执行顺序
ON	ON	A→S1→B→S2→C
ON	OFF	A→S1→B→C
OFF	ON	A→B→S2→C
OFF	OFF	A→B→C

续图 **18.6**

（3）子程序调用子程序时，如图 18.7 所示。

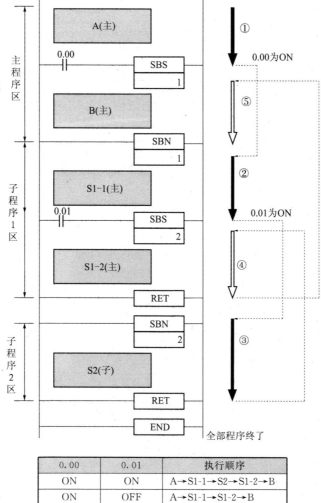

0.00	0.01	执行顺序
ON	ON	A→S1-1→S2→S1-2→B
ON	OFF	A→S1-1→S1-2→B
OFF	ON	A→B
OFF	OFF	A→B

图 18.7

251

18.4　程序练习

试输入图 18.8 所示回路并连线操作

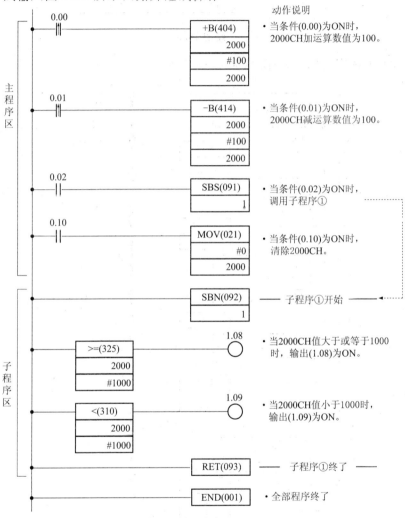

动作说明

• 当条件(0.00)为ON时，2000CH加运算数值为100。

• 当条件(0.01)为ON时，2000CH减运算数值为100。

• 当条件(0.02)为ON时，调用子程序①

• 当条件(0.10)为ON时，清除2000CH。

• 当2000CH值大于或等于1000时，输出(1.08)为ON。

• 当2000CH值小于1000时，输出(1.09)为ON。

• 全部程序终了

图 18.8

第19章

区块程序和判断式回路

19.1　BPRG(096)/BEND(801)定义区块程序设计区

BPRG(096)(Block Program Begin)/BEND(801)(Block Program End)
定义区块程序设计区如图 19.1 所示。

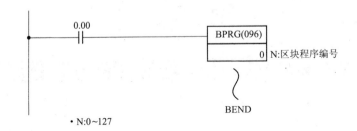

图 19.1

举例说明如图 19.2 所示。

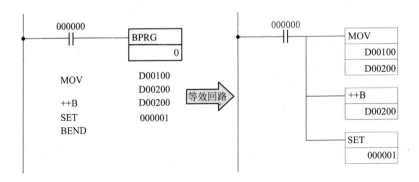

图 19.2

注意

(1)使用 BPRG 指令的无块程序,需在同一个回路(Rung)。

(2)区块程序需以陈述式进行输入。

注:〔Edit〕→〔Rung〕→〔Show as Statement List〕

快捷键:〔Ctrl〕+〔Alt〕+〔S〕

（3）区块程序勿重叠使用,如图 19.3 所示。

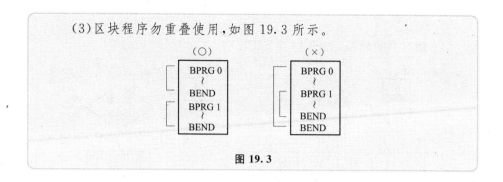

图 19.3

19.2　IF(802)、IFNOT(802)、ELSE(803)、IEND(804)

IF(802)判断成立、IFNOT(802)判断否定成立、ELSE(803)判断不成立、IEND(804)判断回路结束如图 19.4 所示。

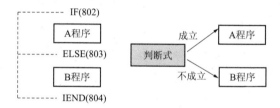

图 19.4

1. 判断式种类

（1）结点判断式,如图 19.5 所示。

IF　[0.00]　若0.00为ON时,判断式成立。

（或）

IFNOT　[0.00]　若0.00为OFF时,判断式成立。

图 19.5

（2）条件判断式,如图 19.6 所示。

LD 0.00
AND 0.01　若0.00和0.01同时为ON时,判断式成立。

IF

图 19.6

2. 回路说明

（1）结点判断回路，如图 19.7 所示。

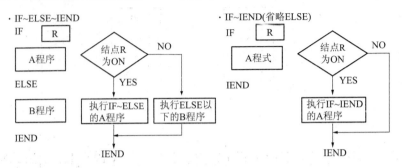

图 19.7

（2）条件判断回路，如图 19.8 所示。

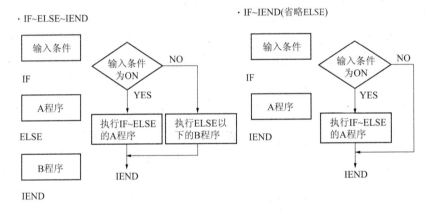

图 19.8

3. 注意事项

（1）IF～IEND 回路最多可发展至 253 个，如图 19.9 所示。

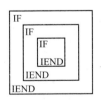

图 19.9

（2）IF～IEND 回路需以区块程序型写入（配合 BPRG/BEND 指令）。

（3）区块程序需以陈述式进行输入，并需在同一回路（Rung）。

19.3   程序练习

试输入图 19.10 所示回路并连线操作。

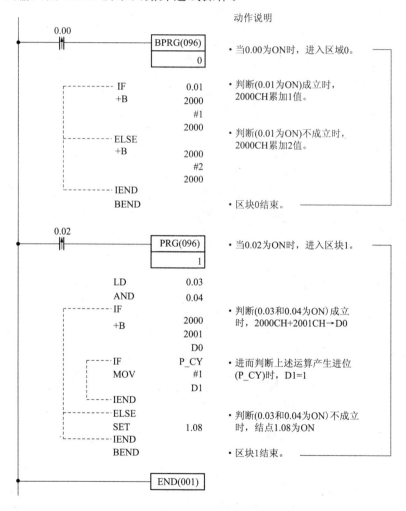

图 19.10

第 20 章

TASK 分割

<<<<<<<<<<<<<<<

CS1 系列特点之一在于能将程序〔TASK 分割〕功能,依程序功能、控制对象、工程等性质加以分割,分配给多数人来制作程序,最后由管理者进行程序整合即可,如图 20.1 所示。

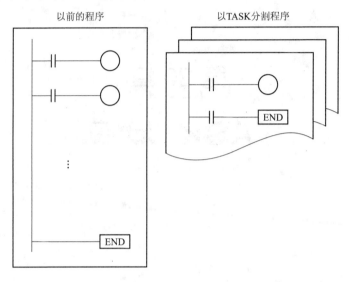

图 20.1

20.1　TASK 的特点

- 多人开发程序,可缩短工期。
- 程序分割,有助理解。
- 方便修正程序,容易进行除错。
- 程序分割后,独立性高,可多方应用。
- 提升整体应答性能,也可个别控制程序。
- 使用 TASK 指令可随时切换执行的程序。

20.2　TASK 的种类

CS1 系列分为 Cyclic Task 及 Interrupt Task,最多可管理 288 个 TASK 程序。

1. 循环式 TASK(Cyclic Task 00~31)

一周期 1 次(从起始至 END),依 Task No. 顺序由小至大执行,最多可配置 32 个 Task。

说明:Cyclic Task 将依有否勾选〔Operation Start〕设定,决定运行时 Task 的起始状态为〔启动/待机〕。

2. 中断 Task(Interrupt Task 00~255)

有必要中断时,即使在上述之 Cyclic Task 执行中,也会强制进行中断,在使用程序、I/O Refresh 周边设施的周期(or 循环)内之任意时间点条件成立时实施。

Interrupt Task 可分为:

· 断电中断 Task【Interrupt Task 01(Power Failure)】

· 定时中断 Task【Interrupt Task 02、03(Interval Timer 0 、1)】

· I/O 中断 Task【Interrupt Task 100~131(I/O Interrupt 00~31)】

· 外部中断 Task【Interrupt Task 00~255】

说明:关于 Interrupt Task 的详细说明,请参考 CS1 英/日文操作手册内容。

20.3 TASK 的配置

插入程序动作即新增一个 TASK,如图 20.2 所示。

(1) 选取〔Insert〕|〔Program〕新增－New Program。

(2) 于 New Program 处单击右键在弹出的选项中选择【Properties】设定 Task type 及 Operation Start(开始时启动状态)。

图 20.2

20.4　TASK 的整合

将多数人开发的程序整合成一个大规模的程序，如图 20.3 所示。

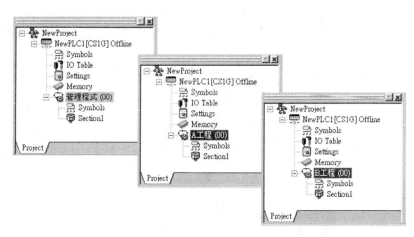

图 20.3

（1）分别开启 CX-P 软件调用程序。

（2）以复制、贴上方式将个别的程序整合在管理者程序上，如图 20.4 所示。

（3）将追加的程序完成按照 TASK NO. 顺序设定即可。

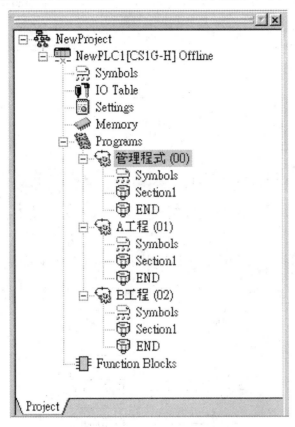

图 20.4

20.5　周期(Cycle)执行 TASK 状态流程

（1）各 Cyclic Task 设定〔运行时启动〕状态时，则依 TASK NO. 顺序由小至大执行，如图 20.5 所示。

图 20.5

（2）以 TASK 指令控制 TASK 时，如图 20.6 所示。

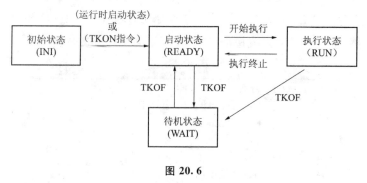

图 20.6

20.6　TASK 的控制指令
TKON（820）启动/TKOF（821）待机

1. 以 Task00 的 TKON/TKOF 指令控制 Task01 启动/待机

（1）New Program1:Cyclic Task00，如图 20.7 所示。

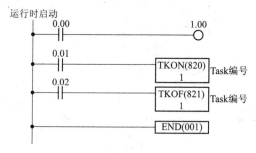

图 20.7

（2）New Program 2:Cyclic Task01，如图 20.8 所示。

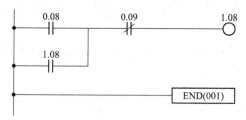

图 20.8

（3）配合 Watch 视窗：

· 确认 Cyclic Task00,01 为启动状态(Value:1)或待机状态(Value:0)。

· 确认 Task01 待机的输出(1.08)是否为保持状态,如图 20.9 所示。

×	PLC Name	Name	Address	Type	Value
◄	NewPLC1		TK00	BOOL	1
	NewPLC1		TK01	BOOL	0
	NewPLC1		1.08	BOOL	1

图 20.9

2. Task00 的 TKON 控制 Task01 启动／Task01 本身的 TKOF 控制待机

（1）New Program1:Cyclic Task00,如图 20.10 所示。

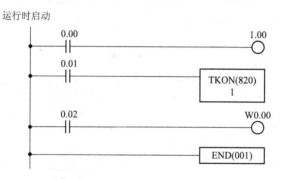

图 20.10

（2）New Program2:Cyclic Task01,如图 20.11 所示。

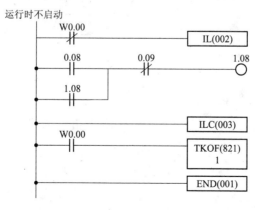

图 20.11

265

（3）配合 Watch 视窗：确认 TKOF 指令在 Task01 变为待机状态前，已将其输出（1.08）OFF，如图 20.12 所示。

PLC Name	Name	Address	Type	Value
NewPLC1		TK00	BOOL	1
NewPLC1		TK01	BOOL	0
NewPLC1		1.08	BOOL	0

图 20.12

3. 对 Cyclic Task01 追加程序

（1）New Program 2：Cyclic Task01，追加粗框部分程序如图 20.13 所示。

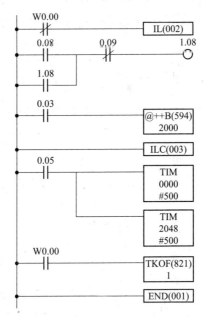

图 20.13

（2）配合 Watch 视窗：

· 确认 Task01 启动时，执行 BCD 增 1 指令时会累计 2000CH 的值，Task01 待机时，会保持 2000CH 累计值；

· Task01 变为待机状态时，确认 T0000～T2047 与 T2048～T4095 的动作会停止或继续，如图 20.14 所示。

PLC Name	Name	Address	Type	Value
NewPLC1		TK00	BOOL	1
NewPLC1		TK01	BOOL	0
NewPLC1		T0	CHANNEL	0000 Hex
NewPLC1		T2048	CHANNEL	0443 Hex

图 20.14

20.7 中断 TASK 实习

简单测试〔断电中断 TASK(Interrupt Task 01)〕。

说明:〔断电中断 TASK〕程序将会在 PLC 断电前执行。

(1) New Program 1:Cyclic Task00,如图 20.15 所示。

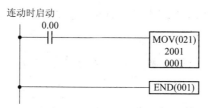

连动时启动
0.00
MOV(021)
2001
0001
END(001)

图 20.15

(2) New Program 2:Interrupt Task01(Power Failure),如图 20.16 所示。

断电中断TASK（断电前将Program 1中1CH的值存储于D0）

P_ON
MOV(021)
0001
D0
END(001)

图 20.16

· 执行中断 TASK 时,需配合【Settings】→【Timings】项目,更改设定如下。

Power Off Interrupt Disabled □（不勾选,使断电中断有效）

Power Off Detection Time（default 0ms）:10ms（设定断电侦察时间）

· 传输程序时(Transfer to PLC),请同时勾选【Program】及【Settings】传输。

（3）配合 Watch 视窗，如图 20.17 所示。

动作 1：执行 Program 1 程序内容。

动作 2：断电（关闭 PLC 电源）。

动作 3：重新开启 PLC 电源。

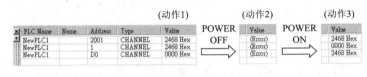

图 20.17

20.8　TASK 设计的方向

想建构良好的系统，如何设计 TASK 是关键，请注意下列各点。

（1）明确 TASK 的分割基准。

（2）一般而言，TASK 的独立性较高，在分割设计时尽可能减少 TASK 间的数据往来。

（3）以管理全体的 TASK 控制各 TASK 的启动/待机状态（亲子关系明确化），如图 20.18 所示。

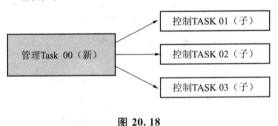

图 20.18

（4）切勿将 TASK 间的启动/待机指示复杂化，导致无法管理（减少 TASK 间的结合强度），如图 20.19 所示。

（5）欲在 TASK 忘却时回归"初期处理"，可将 TASK 初次启动标志 P_First_Cycle_Task（A200.15）作为输入条件，如图 20.20 所示。

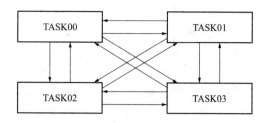

图 20.19

- （A200.15）标志仅在TASK初次启动时ON
（第二次以后就不会ON）。

图 20.20

第 21 章

Function Block（FB）

Function Block(简称 FB)是预先将常用的已发展成熟的梯形图程序段储存起来,除可自行编写外,也可使用内建的数据库程序(FB Library)使用。使用时,只需设定输入/输出结点及参数即可,如图 21.1 所示。

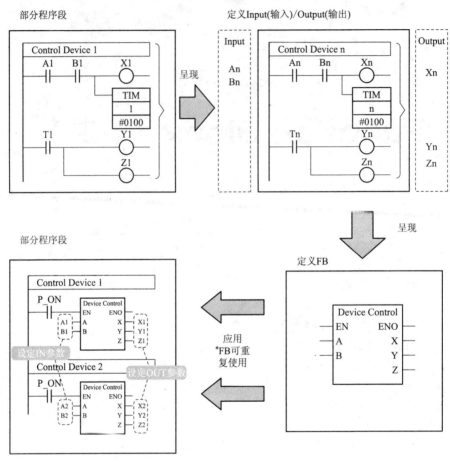

图 21.1

21.1　FB 的特点

· 常用的程序规格化、简单化。

· 可将标准程序数据化。

· 程序简化(相对缩减编辑时间)。

· 现场调试简单。

注意:CX_P5.0 以上的版本需搭配表21.1所列机种才可使用 FB/ST 功能。

表 21.1

PLC 机种	CPU 型号
CS1G－H	CPU42H/43H/44H/45H （V3.0 版）
CS1H－H	CPU63H/64H/65H/66H/67H （V3.0 版）
CJ1G－H	CPU42H/43H/44H/45H （V3.0 版）
CJ1H－H	CPU65H/66H/67H （V3.0 版）
CJ1M	CPU11/12/13/21/22/23

21.2 FB 的种类

1. 内建 FB Library

选择〔Insert Function Block〕→〔From File…〕。

PLC 内建的 FB Library 程序皆存放于 C:\Program Files\OMRON\Lib\FBL\omronlib 路径下方,使用者可依需要选取各类 FB 程序,套用 IN/OUT 参数使用,如图 21.2 所示。

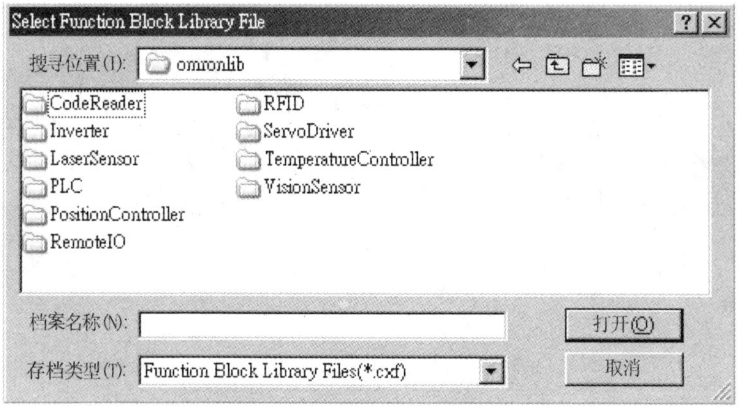

图 21.2

2. 自定义 FB

选择〔Insert Function Block〕→〔Ladder〕。

FB 程序通常是设计发展已成熟的程序,便于日后重复使用。使用者先

定义程序的 Internals(内部变量)/Inputs(输入变量)/Output(输出变量)/
Externals(外部变量)的各项参数,编辑梯形图程序区块并存储起来,如图
21.3 所示。

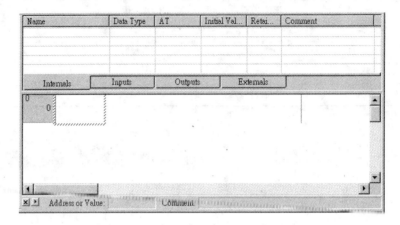

图 21.3

21.3　定义 FB 数据类型

定义 FB 数据类型见表 21.2。

表 21.2

Data type	Content	Size	有效值范围
BOOL	Bit data 位元数据	1	0(FALSE),1(TURE)
INT	Integer 整数	16	$-32,768 \sim +32,767$
DINT	Double integer 倍长数	32	$-2,147,438,648 \sim +2,147,483,647$
LINT	Long(8-byte) integer 长整数	64	$-9,223,372,036,854,775,808 \sim +9,223,372,036,854,775,807$
UINT	Unsigned integer 无符号整数	16	&.0~65,535
UDINT	Unsigned double integer 无符号倍长数	32	&.0~4,294,967,295

274

续表 21.2

Data type	Content	Size	有效值范围
ULINT	Unsigned long (8byte) integer 无符号长整数	64	&.0~18,446,744,173,709,551,615
REAL	Real number 实数	32	$-3,402823 \times 10_{36} \sim -1.175495 \times 10_{-38}, 0, +1.175494 \times 10_{-38} \sim +3.402823 \times 10_{38}$
LREAL	Long real number 长实数	64	$-1.79769313486232 \times 10_{308} \sim -2.225.7385850720 \times 10_{-308}, 0, 2.22507385850720 \times 10_{-308} \sim 1.79769313486232 \times 110_{308}$
WORD	16 — bit data 字串	16	♯0000~FFFF 或 &.0~65,535
DWORD	32—bit data 变 字串	32	♯00000000~FFFFFFFF 或 &.0~4,294,967,295
LWORD	64—bit data 长 字串	64	♯0000000000000000~FFFFFFFFFFFFFFFF 或 &.0~18,446,744,037,709,551,615

21.4 编辑 FB 程序

搭配编辑 FB 程序的工具：

· 呼叫 FB 指令(或〔F〕键)。

· 输入 FB 参数(或〔P〕键或〔Enter〕键)。

· EN/ENO 参数则以一般输入/输出结点方式键入。

1. 使用内建 FB Library 编辑程序

以\PLC\CPU—CPU007_MakeClockPluse_BCD10. cxf 为例,说明如下。

Function Blocks Definition:CPU007 MakeClockPulse BCD10. cxf.

Function BLocks Instance:时钟脉冲。

FB 程序动作:设定输出(1.00)的 ON/OFF 闪烁时间,如图 21.4 所示。

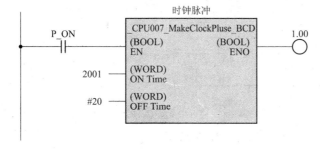

图 21.4

275

说明：上述 FB 程序动作与图 21.5 所示梯形图程序动作相同。

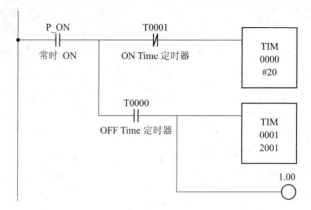

图 21.5

参考

（1）将〔Properties〕内的【Display the inside of FB】选项勾选为〔显示〕，则可检视 FB 程序内容及各项参数设定。

（2）内建 FB Library 程序使用者无法任意更改，若要重新编辑更名使用，建议可另行复制使用（操作功能列或单击右键弹出的选项的复制及粘贴功能）。

2. 自定义 FB 程序

自定义 Internals/Inputs/Outputs 等变量，见表 21.3；编辑 FB 程序存储的程序图如图 21.6 所示。

表 21.3

Name	Usage
Internals（内部变量）	R1
Inputs（输入变量）	STARE
	STOP
	LS1
	LS2
Outputs（输出变量）	SOLa
	SOLb

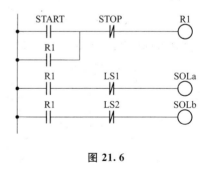

图 21.6

FB 应用 Function Blocks Definition：Function Block1，Function Blocks Instance：FB 程序练习，如图 21.7 所示。

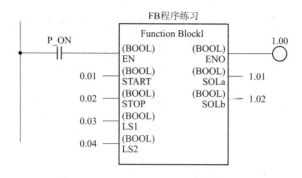

图 21.7

21.5　存储 FB 程序

自定义的 FB 程序最好与 PLC 内建的 FB Library 程序分开存放,因此建议使用者建立个人数据夹以便日后存取管理。

存储 FB 程序时先选取自定义的 FB 程序,然后以下列两种方式存储:

(1)〔File〕→〔Function Block〕→〔Save Function Block to File…〕。

(2) 在自定义的 FB 上单击右键选择〔Save Function Block to File…〕。

出现由 21.8 所示存储视窗后,单击选择存储路径(即个人数据夹)和 FB 程序文档名称即完成。

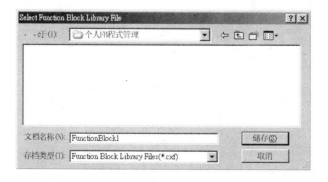

图 21.8

第 22 章

实例演练

◀ ◀ ◀ ◀ ◀ ◀ ◀ ◀ ◀ ◀ ◀ ◀

22.1　原料槽系统

1. 控制要求

控制示意图如图 22.1 所示。

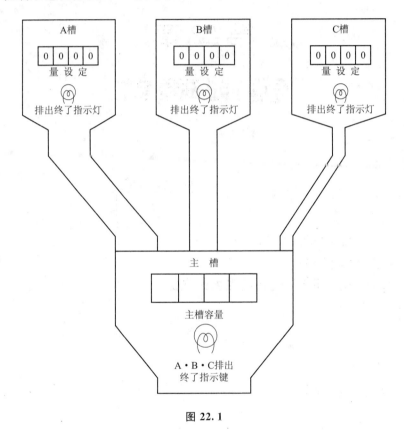

图 22.1

（1）各原料槽的排出量，设定在 DM 区。

（2）按下启动开关，各槽的阀门一起开启，原料流入主槽，此时，因各槽阀门粗细不一，流入速度也不同。

A 槽　　0.02s
B 槽　　0.1s　　从 DM 减 1 时所需时间
C 槽　　0.2s

（3）主槽容量显示在 7 节码显示器上。

（4）各槽排出终了后，排出终了指示灯自亮灯。

（5）各槽全部排出结束后，A、B、C 排出终了指示灯灯亮，5s 后 4 个指示灯全部熄灭。

2. 输入/输出分配

（1）输入/输出继电器分配见表 22.1。

表 22.1

启动开关	0.00
A 槽阀门	1.00
B 槽阀门	1.01
C 槽阀门	1.02
A 槽排出终了指示灯	1.08
B 槽排出终了指示灯	1.09
C 槽排出终了指示灯	1.10
ABC 排出终了指示灯	1.15
显示主槽容量	2000CH

（2）DM 分配见表 22.2。

表 22.2

A 槽排出量数据	D0
B 槽排出量数据	D1
C 槽排出量数据	D2

说明：执行程序之前，先以〔SET〕→〔Value〕分别设定 D0、D1、D2 的内容值。

（3）状态标志分配见表 22.3。

表 22.3

0.02s 定时器脉冲	P_0_02s
0.1s 定时器脉冲	P_0_1s
0.2s 定时器脉冲	P_0_2s

3. 梯形图

梯形图如图 22.2 所示。

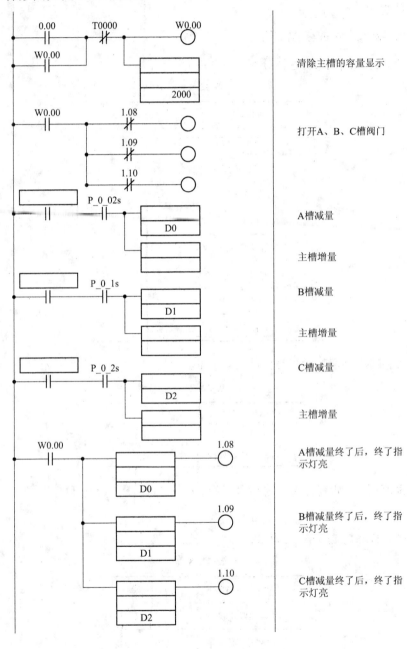

图 22.2

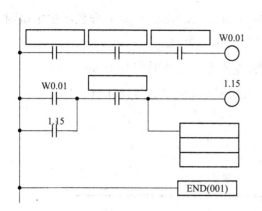

全部的槽减量终了后，终了指示灯全部亮灯

灯亮5s后，全部熄灭

续图 22.2

22.2　自动贩卖机

1. 控制要求

控制示意如图 22.3 所示。

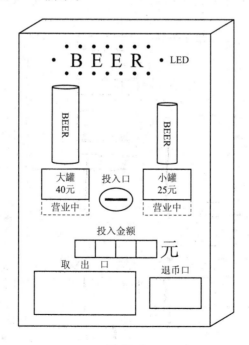

图 22.3

（1）啤酒自动贩卖机，大罐 40 元、小罐 25 元。投入金额超过定价时，各自的营业中灯亮；投入金额会显示在显示板上。

（2）选择大罐、小罐后，找钱金额会显示在显示板上 3s。

说明：投入金额以 1 元/10 元为单位，机器会各自计数。

2. 输入/输出分配

输入/输出分配见表 22.4。

表 22.4

1 元硬币	0.00
10 元硬币	0.01
小罐选择开关	0.02
大罐选择开关	0.03
小罐营业灯	1.02
大罐营业灯	1.03
金额显示面板	2000CH

3. 梯形图

梯形图如图 22.4 所示。

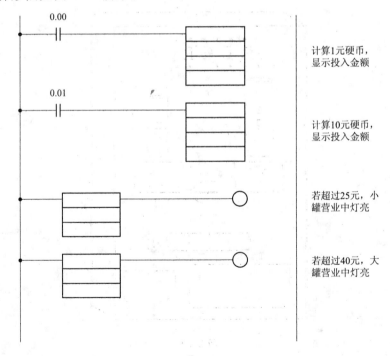

图 22.4

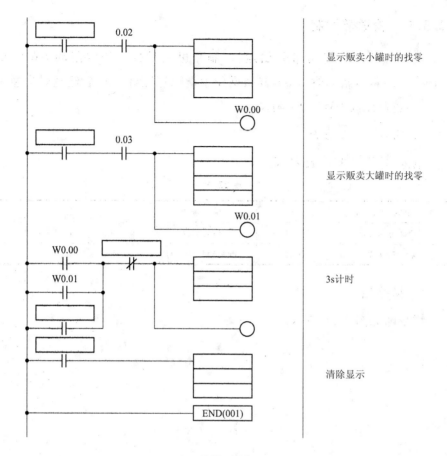

续图 22.4

22.3　输送带控制与炉内温度的监视

控制示意图如图 22.5 所示。

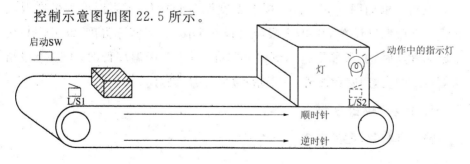

图 22.5

22.3.1 输送带控制

按下启动 SW、输送带开始运行，制品进入炉内。炉内限动 SW2 ON 后，输送带停止，制品烘干 5s，其间操作中指示灯亮灯。5s 后输送带向逆时针方向运行，限动 SW1 ON 则停止。

1. 输入/输出分配

输入/输出分配见表 22.5。

表 22.5

启动开关	0.00	输送带正转	1.00
启动开关 1	0.01	输送带逆转	1.01
启动开关 2	0.02	炉动作指示灯	1.02

2. 梯形图

梯形图如图 22.6 所示。

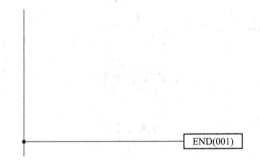

图 22.6

22.3.2 炉内温度的监视

控制要求如图 22.7 所示，标准温度设在 D0，上、下限温度为标准温度 50℃。上限温度设在 D100，下限温度设在 D101。当实际温度（2001CH）比上限温度高时，上限警报指示灯（1.02）亮灯；比下限温度低时，下限警报指示灯（1.00）亮灯；除此之外，正常指示灯（1.01）亮灯。

1. 输入/输出分配

输入/输出分配见表 22.6。

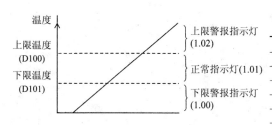

说明：执行程序之前，先以〔SET〕→〔Value〕设定标准温度值(D0)。

图 22.7

表 22.6

指拨 SW	2001CH
上限警报指示灯	1.02
正常指示灯	1.01
下限警报指示灯	1.00
标准温度	D0
上限温度	D100
下限温度	D101

2. 梯形图

试完成图 22.8 所示的梯形图。

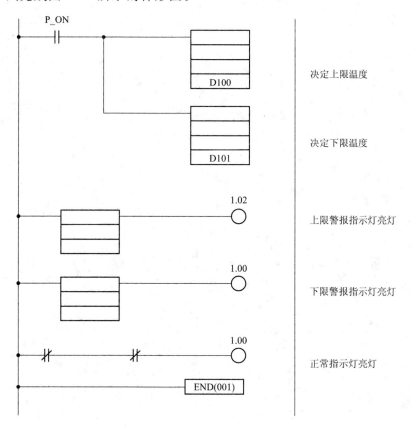

图 22.8

进阶解答

第 15 章

◆〔P.209〕练习

(1) 0001 0010 0011 0100 （1234）

(2) 1010 1011 1100 1101 （ABCD）

第 16 章

◆〔P.222〕练习

答案如图 1 所示。

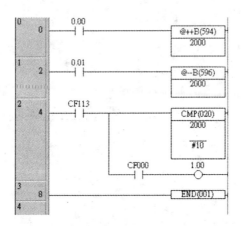

图 1

◆〔P.224〕练习

答案如图 2 所示。

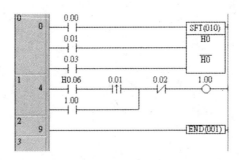

图 2

◆〔P.227〕练习

答案如图 3 所示。

第 17 章

◆〔P.235〕练习 1

答案如图 4 所示。

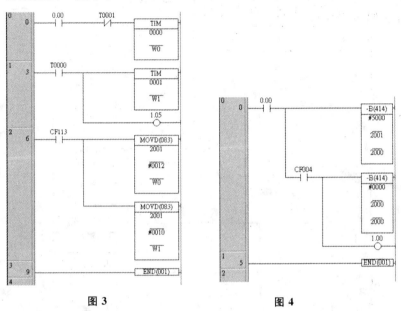

图 3   图 4

◆〔P.235〕练习 2

答案如图 5 所示。

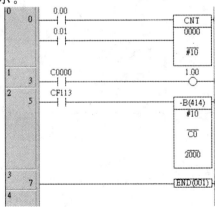

图 5

◆〔P. 242〕图 17. 27

a 0010

b 8888

◆〔P. 245〕练习

答案如图 6 所示。

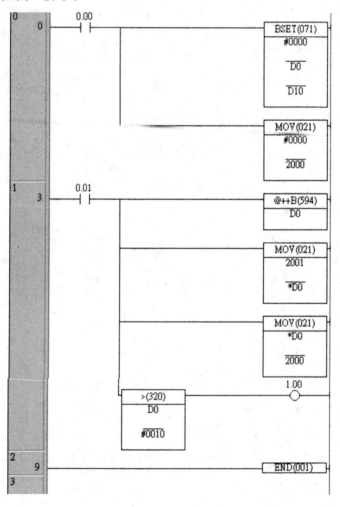

图 6

第 22 章

◆〔P.282〕图 22.2

答案如图 7 所示。

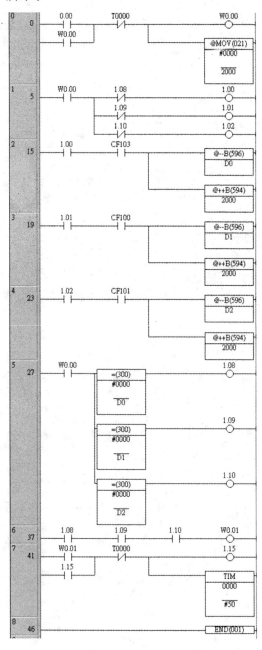

图 7

◆〔P.284〕图 22.4

答案如图 8 所示。

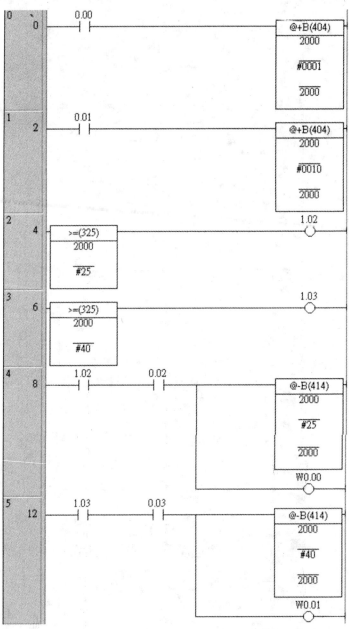

图 8